无边界的风景

BOUNDLESS LANDSCAPE

曾健　吕成　著

中国建筑工业出版社

图书在版编目（CIP）数据

无边界的风景 = BOUNDLESS LANDSCAPE / 曾健，吕
成著 . —— 北京：中国建筑工业出版社，2024.9.
ISBN 978-7-112-30185-0

Ⅰ . TU986.4-53

中国国家版本馆 CIP 数据核字第 20248D90H8 号

责任编辑：戚琳琳　率　琦
责任校对：张惠雯

无边界的风景
BOUNDLESS LANDSCAPE

曾健　吕成　著
*
中国建筑工业出版社出版、发行（北京海淀三里河路9号）
各地新华书店、建筑书店经销
北京点击世代文化传媒有限公司制版
天津裕同印刷有限公司印刷
*
开本：787毫米×1092毫米　1/12　印张：19　字数：410千字
2024年9月第一版　2024年9月第一次印刷
定价：**228.00**元
ISBN 978-7-112-30185-0
　　　　（43590）

版权所有　翻印必究

如有内容及印装质量问题，请与本社读者服务中心联系
电话：（010）58337283　QQ：2885381756
（地址：北京海淀三里河路9号中国建筑工业出版社604室　邮政编码：100037）

随着我国城市化的高质量发展和人民对美好生活的追求，风景园林越来越成为城市规划建设的重要内容。2018 年 1 月，习近平总书记在成都视察时强调，绿化祖国要坚持以人民为中心的发展思想，明确提出"一个城市的预期就是，整个城市就是一个大公园，老百姓走出来就像在自己家里的花园一样"。他为我国城市高质量发展和高品质建设指明了方向，为广大城市规划、建筑、园林工作者增加了勇于实践、再攀高峰的动力。读者面前的这本书，正是在波澜壮阔的宏大背景之下的一朵小小的浪花，从中您能感受到设计师的活力和以人民为中心的方向。

2006 年，初出茅庐的曾健跟随我在延安革命纪念馆室外环境的设计中就崭露头角，后在曲江池遗址公园景观设计、陕西历史博物馆秦汉馆室外环境设计等工程实践中表现优异，特别是在扬州中国大运河博物馆室外环境设计中更趋成熟。接着他又在华夏院总建筑师（现任中建西北设计院总建筑师）吕成主持设计的中国长城博物馆和青州博物馆承担了风景园林设计。此外，他还独立主持设计了一系列城市公园绿地等公共开放空间。以上这些作品都展示出曾健在创作中既能传承园林艺术的传统精髓，又能融入现代审美，实现了园林与建筑和自然的和谐共生。

格外欣慰的是，我看到中青年设计师的佼佼者吕成和曾健通过工程项目的合作成为挚友。一个建筑师与一个风景园林师相互切磋，总结了多年的创作，共同构建了"无边界的风景"的理论与实践框架。作品超越了传统园林的界限，园林设计理念从封闭走向开放，从单一功能向多元综合转化，体现了中国园林艺术在全球化语境下

的生命力。他们提出的"无边界"理念，不仅是指物理空间上的融合，更是一种文化和哲学上的包容态度，意味着设计应顺应自然，尊重地域文脉，同时接纳并融合国际先进的设计理念和技术。这种融古今、跨学科的探索，为中国风景园林设计提供了新的视角和路径。

本书中的九个精选案例通过理论与实践相结合的表述，辅以丰富的实景照片，诠释了"无边界风景"的概念与意义，既有扎实的实践性，又能上升到理论的高度，这正是它的独特价值所在。这是一本启发思考、激发创意的书，它鼓励设计师们在实践中不断挑战自我，勇于创新，同时也为城乡规划师、建筑师、风景园林师及广大对园林艺术有兴趣的公众提供了一个理解与欣赏中国园林艺术新发展的窗口。

本书的出版是对曾健与吕成在探索风景园林艺术道路上不懈努力的肯定。期望他们能持续保持初心，不断进取，潜心研究，继续深化风景园林师与建筑师的合作，为风景园林艺术的发展作出更大的贡献。

张锦秋

中国工程院院士
全国工程勘察设计大师
中国建筑西北设计研究院有限公司总建筑师

前言

明代著名的造园艺术家计成在其著作《园冶》中写道，"园虽别内外，得景则无拘远近"，这并非只是表达借景的空间设计手法，而是园林艺术创作的重要的思想方法。作为人类文明的重要载体，园林有着丰富的内涵和外延，由此应运而生的现代风景园林也成为一门远远超出场地边界的艺术。对风景园林问题的思考不应拘泥于限定边界，而应在更大格局、更广视野，以无边界的视角研究与实践。

在职业生涯之初，我们非常荣幸地追随张锦秋院士参与设计了一系列工程，张院士渊博的学识、严谨的学风、处事的豁达时刻砥砺着我们。作为年轻的设计学人，试图将过去20年我们在建筑与风景园林营建的理念和实践整理成书，希望在当代风景园林日新月异的今天，对如何传承和创新中国特色的园林艺术，以及中外园林艺术有机融合等进行梳理总结。本书定名为《无边界的风景》，旨在表明我们在当代风景园林实践中一以贯之的设计态度，以期从三个层面探微：

一是空间层面。注重对不同用地环境的认识、评价和利用，研究视野超越了场地的限定范围，强调场地内外景物之间相互支撑、相互联系、相互协调的关系，使空间实体边界变得模糊，场地与周边连接更为紧密，以边界模糊性打破了空间限制，呈现"城园无界交织"的美美与共格局。

二是园林文化层面。中国是园林艺术历史悠久的国家，可是西方风景园林又深入影响着中国当代风景园林学科。如何应对我们所处时代本土性与外来性的并存格局，在设计实践中融贯中国传统园林艺术与西方当代风景园林理念，将中国博大精深的园林艺术发扬光大？这对当代风景园林学来说是一项重要的课题。我们坚定地认为，中国传统风景园林的内在精神和审美趣味能够为我们提供丰沛的创作源泉。在中国传统文化复兴、传统文化创造性转化和创新性发展的背景下，当代中国风景园林可以实现传统园林文化与西方现代优秀设计理论的无边界融合，形成"古今无界交融"的诗意境界。

三是学科层面。在我国城市建设高质量发展的背景下，人们对更高品质城市公共空间的追求正促使传统的建筑、规划、风景园林等学科革新方法论和视角，风景园林学科边界更为融合，超越了单一的学科范畴。更加复杂的当代城市环境也使单一学科的介入方式不再奏效，跨学科交融成为大势所趋。现代风景园林学逐渐发展成为一门综合性的学科，与建筑学、城乡规划、土木工程、园艺学、生态学、艺术学等诸多学科跨界融合，向着复合与多元的方向发展，形成了"学科无界交集"的蓬勃发展态势。

本书为风景园林师和建筑师合著，意在实现跨专业的无界融合，在积极实践中共同进行初步探究与总结。本书共分为两个章节，分别为"借古以开今"和"无界与融合"。

"借古以开今"章节侧重表现古今无界交融的探索，主要为文化类建筑外部环境的设计实践，此类项目的选址、建筑设计和展陈主题都蕴含丰富的历史文化信息，要求风景园林师协同建筑师共同发扬民族文化、注重地方特色、强调时代精神，突出公共性和文化性。文化建筑外部环境除了呼应建筑设计的形式语言，将外部环境设计纳入建筑设计与展陈文化一体化体系中，更关注中国传统风景园林文化的传承与创新，聚焦地域文化的当代表达。通过建筑理念延续、场地特征塑造、主题文化彰显、地域文脉传承四个维度，协同构建传统文化在建筑外部环境中的当代表达。在这里，风景园林不只是建筑周边的装饰物或涂脂抹粉般的简单美化，而是扮演起重要的角色，为建筑探索更广阔的文脉，延展了建筑文化的底蕴与体验。

"无界与融合"章节侧重表现跨学科无界融合的实践，在三个城市绿色开放空间设计案例里，通过风景园林融贯建筑、城市基础设施等，整合艺术性和工程技术性，实现跨学科的无边界融合，比如案例中的建筑、道路、桥梁、水厂等设施，通过风景园林进行梳理达到风景化呈现。风景园林发挥了整合城市基础设施、绿化、水利、生态等因素的作用，成为连接自然生态、公共活动空间、基础设施的缝合剂。

此次整理成书，作为过去20年设计实践的总结和汇报，展示了作者在繁忙设计实践背后的一点思考。因平时设计任务繁重、琐事缠身，本书难免缺乏系统性，不当之处，敬请指正。

目录

序
前言

第一章　借古以开今

古者识之具也。化者识其具而弗为也。具古以化，未见夫人也。尝憾其泥古不化者，是识拘之也。识拘于似则不广，故君子惟借古以开今也。

——石涛

运河融南北　三湾承古今

图 1-01
博物馆实景鸟瞰照片

扬州中国大运河博物馆室外环境
LANDSCAPE DESIGN OF YANGZHOU CHINA GRAND CANAL MUSEUM

项目背景及场地认知

1. 项目概况

扬州中国大运河博物馆（以下简称博物馆）是大运河国家文化公园的一个重大标志性建设项目，建在与大运河同生共长的历史文化名城扬州，由张锦秋院士主持设计（图 1–01 ～图 1–03）。博物馆是展示中华民族辉煌历史、表现扬州历史文化特色、展示时代风貌的重要载体。张锦秋院士率团队于 2018 年 5 月选址并开始设计，工程于 2019 年 5 月奠基，2020 年 11 月国务院办公厅批复同意博物馆正式命名为"扬州中国大运河博物馆"。2021 年 6 月 18 日扬州中国大运河博物馆开馆，对公众开放。

图 1-02
从运河看大运塔实景照片
图 1-03
大运塔实景照片

2. 项目文化背景
——大运河历史文化价值认知

中国大运河是中国古代劳动人民创造的一项伟大的水利工程，是世界上开凿最早、规模最大的运河，部分运河仍在通航，服务当今社会，已成为中华民族的精神标识之一。大运河文化可简要概括为技术、制度、社会三大内涵[1]，其中社会文化内涵包括：大运河促进了漕运，促进了中国南北经济、文化上的交流、交织，成为中华民族多元文化交融的载体。

2014 年第 38 届世界遗产大会上，中国大运河获准列入世界遗产名录。2019 年 2 月，中共中央办公厅、国务院办公厅印发《大运河文化保护传承利用规划纲要》，强调坚持科学规划、古为今用、强化传承、合理利用的基本原则，打造大运河璀璨文化带、绿色生态带、缤纷旅游带，要求充分挖掘大运河丰富的历史文化资源，保护好、传承好、利用好大运河这一祖先留给我们的宝贵遗产，打造大运河国家文化公园。

东侧旅游服务配套的商业街区　　三湾风景区

原有散乱密植的杨树林

古运河

基地

北侧城市道路

开　发　东　路

1-04

3.场地分析

　　项目场地位于扬州古运河"三湾"第一湾以北,场地西侧和南侧为古运河,风景优美,视线开阔,有利于历史场景的再现,西侧运河旁原有散乱密植的杨树林遮挡了场地望向运河的视线,驳岸为陡峭的浆砌石驳岸,亲水性差;北侧为城市道路,有灰尘和噪声的影响;东侧为旅游服务配套的商业街区(图1-04)。

图 1-04
场地原貌实景鸟瞰照片
图 1-05
博物馆北侧外环境实景鸟瞰照片
图 1-06
博物馆南侧外环境实景鸟瞰照片

商业街区

二湾

古运河

1-05

4. 建筑设计理念

扬州在隋唐古运河开通的盛期曾是仅次于长安（大兴）、洛阳的中国第三大城市。建设方在委托设计任务时希望博物馆能呈现唐风。建筑设计团队并不想采取仿唐建筑的做法，而是希望能吸取唐代建筑多元、开放、包容的精神，体现大气质朴、飘逸舒展的风格。将传统风韵与现代极简的审美意象相融合，实现风格上的创新突破（图1-05、图1-06）。[2]

1-06

室外环境设计目标与理念

1. 设计目标

——体现中国大运河多元交融的文化内涵

大运河发挥了带动沿岸地区经济、文化相互交流、融合、发展的重要作用，中国大运河成为中华民族文化融会贯通的载体，应着重体现大运河的兼容并蓄、多元文化交融共生的文化内涵。

——扬州传统园林特色的当代再现

大运河的开通使扬州成为南北水路交通的枢纽，促进了北方和南方匠师在园林技术上的交流和融合，大大推进了扬州园林的发展，形成扬州园林兼容北方之雄、南方之秀的特征；据《扬州画舫录》卷二记载："扬州以名园胜，名园以叠石胜"。扬州园林在叠石方面名家辈出，使我国叠石艺术得到了进一步的发展。

扬州传统园林为我们的地域化景观创作提供了深厚的文脉根基，深刻分析提炼其优秀园林文化，创造满足当代人民需要的博物馆室外环境是本设计的另一目标，旨在使人民在游览时体会到"健笔写柔情"的扬州园林文化内涵。

——创造开放宜人的城市公共空间

为了展现大运河带给人们的美好生活，博物馆室外环境应成为人们领略大运河魅力、享受绿色休闲生活的首选之地。室外环境设计彰显场地特征，打造新的扬州城市会客厅，满足市民多样化活动需求，创造开放宜人的城市公共空间，成为扬州又一亮丽城市名片（图 1-07 ~ 图 1-10）。

1-07

1-08

1-09

图 1-07
塔影流芳广场实景照片
图 1-08
码头实景照片
图 1-09
滨河步道草阶实景照片
图 1-10
开放宜人的滨河步道实景照片

2. 设计理念
——借古为今

  面对项目所处的特殊地理位置与文脉环境，如何依托场地的客观条件，创造与周边环境和谐共生的室外空间，是室外环境设计构思的主要难点，基于建筑设计"古今交融"的设计理念、大运河"兼容并蓄"的文化内涵、扬州"南北交融"的城市精神，景观设计提炼出"借古为今"的设计理念。

  《园冶》中讲述了中国园林"巧于因借，精在体宜"的创作原则，"借"是引入、纳入、接纳、借用之意。[3] 从计成《园冶》的全书精神而言，借景远非只是一种空间设计手法，而是园林艺术创作的重要思想方法。在本项目中，将"借"这一概念加以延伸和扩展，包含了以下三重含义。

图 1–11
从西南侧看博物馆外环境
图 1–12
今月桥借假山之景

　　"借"的第一层意思是指空间上、视觉上的借景，注重对用地环境的认识、评价和利用，强调内外景物之间相互支撑、相互支持、相互协调的关系，最终达到园林与周围环境交融共生（图 1–11）。

　　"借"的第二层意思是指借鉴传统园林的精华和观念，包括扬州园林兼顾南秀北雄的特征，以叠石胜的突出表现，特别是个园利用山石表现四季的象征手法等（图 1–12）。

　　"借"的第三层意思是指精神文化层面的借鉴，汲取运河文化兼融并蓄的精神，借鉴扬州南北文化交融共生的城市精神，体现泱泱大国的文化接纳力和包容力。

　　总之，借古为今就是当代风景园林应借鉴传统优秀园林艺术理念，古为今用、因地制宜、因题制宜地传承与创新，合理融入当代风景园林设计理论和先进技术，创作出满足人民需求的当代风景园林。如何将这一理念体现在扬州中国大运河博物馆室外环境设计之中，使传统园林文化、运河文化焕发新的生命力？需要以室外环境空间布局，各层次的环境设计将其贯穿与完善。

1–12

古运河

游船码头

室外环境空间布局

1. 注重多重感知体验与城市景观融合

　　扬州已有建设大运河绿道的规划，依据该规划沿河设计了滨水步道、骑行道，使本次设计融入未来的大运河绿道建设之中。扬州大运河两岸风景独好，古运河游船是游客们体验游览运河美景的理想交通工具，在博物馆西南侧的运河边设计游船码头，预留博物馆与扬州古运河游船线路的衔接，使乘坐游船从扬州古城出发的游客，沿途感受扬州古城的繁华盛景、现代扬州的生生不息，到达古今交相辉映的扬州中国大运河博物馆，从而全面、直观体验大运河美景（图 1-13）。

2. 顺应建筑轴线的室外环境空间布局

　　大运河博物馆建筑师规划了两条轴线，一条是主馆中心南北向的主轴线，另一条是大运塔与主馆东西向的次轴线，室外环境顺应建筑设计的轴线，达到室外环境映衬建筑、突出建筑的目的，使建筑和室外环境浑然一体；北侧利用地下室及湖面开挖土方堆高 12 米的环抱山岗成为建筑的背景和主轴线的起点，主轴线上的内庭院、屋顶花园布置均衡、方正，建筑主轴线向南通过端庄的馆前广场，延伸至自然、开阔的运河三湾；室外环境空间布局同时呼应建筑次轴线，次轴线向西延续到古运河，大运塔西侧设计开阔的入口广场，向西顺地形拾级而下至隋唐古运河畔，营造古运河和大运塔之间的通透视线。轴线上严整、简洁的空间氛围与轴线周边丰富、自然的景观效果形成对比并相互烘托（图 1-14）。

图 1-13
博物馆码头实景
图 1-14
博物馆总平面图

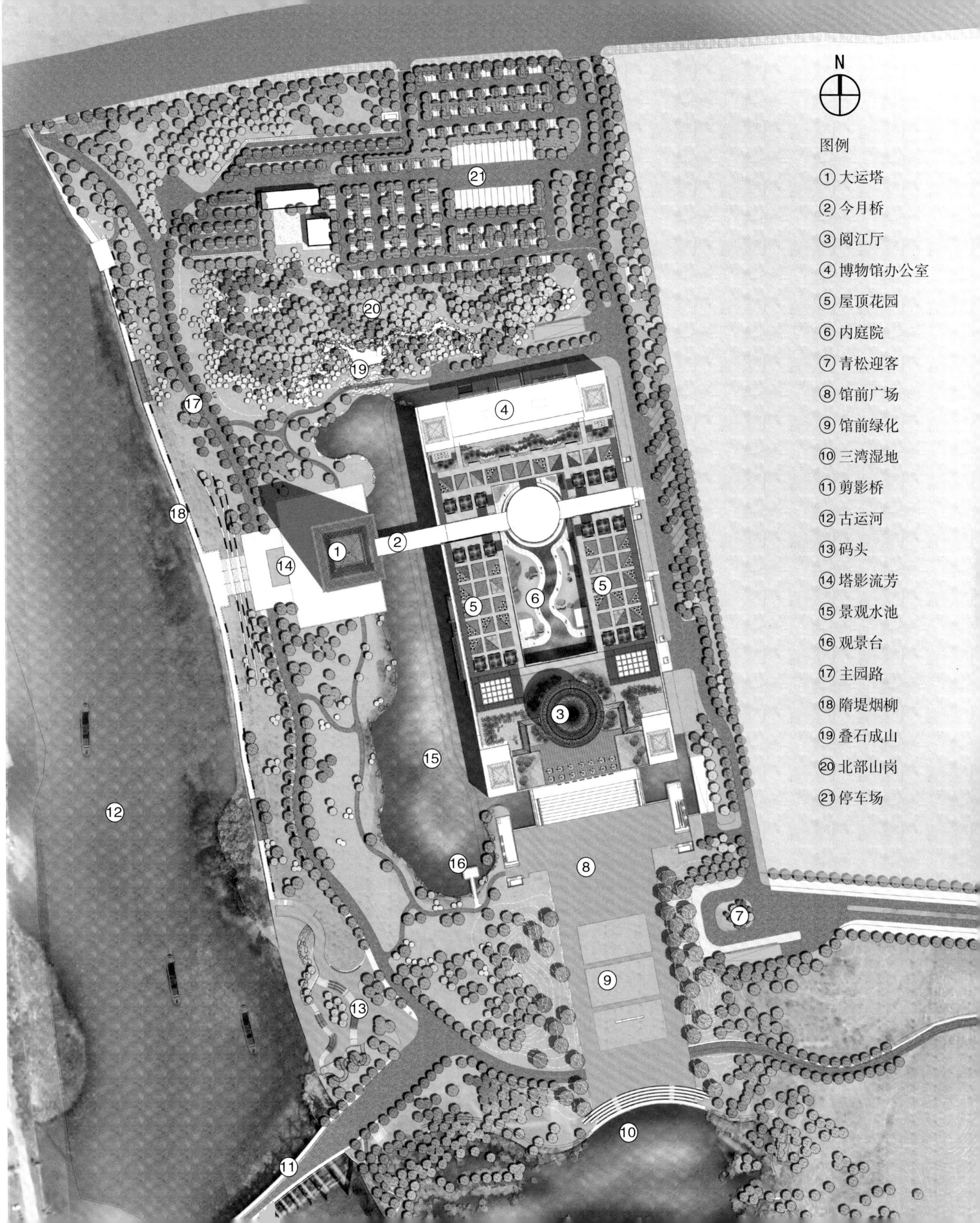

N

图例

① 大运塔
② 今月桥
③ 阅江厅
④ 博物馆办公室
⑤ 屋顶花园
⑥ 内庭院
⑦ 青松迎客
⑧ 馆前广场
⑨ 馆前绿化
⑩ 三湾湿地
⑪ 剪影桥
⑫ 古运河
⑬ 码头
⑭ 塔影流芳
⑮ 景观水池
⑯ 观景台
⑰ 主园路
⑱ 隋堤烟柳
⑲ 叠石成山
⑳ 北部山岗
㉑ 停车场

1-15

图 1-15
主馆西侧水池驳岸实景照片
图 1-16
从今月桥看叠石实景照片
图 1-17
主馆西侧外环境实景鸟瞰照片

室外环境空间层次与设计手法

1. 博物馆外环境设计

为营造博物馆与运河更加和谐的空间关系，张锦秋院士接受了景观设计师提出的在博物馆与运河之间设计景观水池的建议，使其成为建筑和运河之间的环境过渡，水景倒影呈现大运塔的通透灵秀，形成了馆、塔、园、河、桥浑然一体的天然图画。建筑师设计的半圆今月桥与其倒影共同形成中国园林的"月亮门"，借景的想法由此而生，在水池南侧设计观景台，在水池北侧叠石成山，使其成为今月桥"月亮门"的借景画面，表现"扬州园林以叠石胜"的地域园林文化特征，通过自然的蹬道到达山腰处的休息平台，在此可通过今月桥回望观景台，形成互借的园林对景关系。此外移除博物馆西侧运河边杂乱杨树，以疏林草坡衔接运河，营造通透视线，增加游客的亲水体验（图 1-15 ～图 1-17）。

1-16

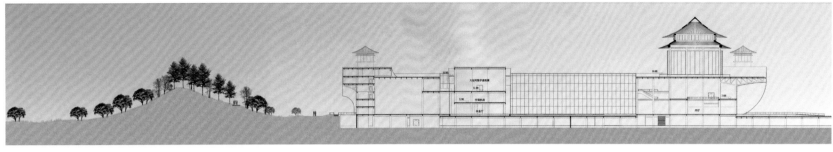

1-18

图 1-18
场地南北剖面图
图 1-19
博物馆轴线分析图
图 1-20
从西北角看博物馆外环境实景鸟瞰照片

主馆南侧为主入口空间，设计着重处理好主入口空间与三湾公园的通透视觉廊道与交通联系，延续建筑主轴线，突出入口空间的仪式感，设计开阔的馆前广场、入口广场建立与三湾公园的联系（图 1-18、图 1-19）。馆前广场 88 米宽、35 米深，充分考虑游客集散功能及其流线合理组织，向南延伸通过 58 米宽、130 米深的入口广场直达三湾公园，中间三块简洁矩形草坪内设绿化馆标和馆名碑石，两侧种植高大香樟围合入口空间，自三湾水畔北望，浓厚绿化、简洁广场烘托博物馆主入口的磅礴气势，形成"夹景"的主入口空间氛围。

考虑博物馆北侧道路的不利影响及营造建筑的环境需要，主馆北侧突出屏障与背景的打造，堆高的环抱山岗成为建筑背景，同时阻隔北侧城市道路的噪声和灰尘影响。各类停车场设置在山岗以北，还山岗南侧安静、宜人的园林意境，充分体现了"俗则屏之，嘉则收之"的中国园林空间观念（图 1-20）。

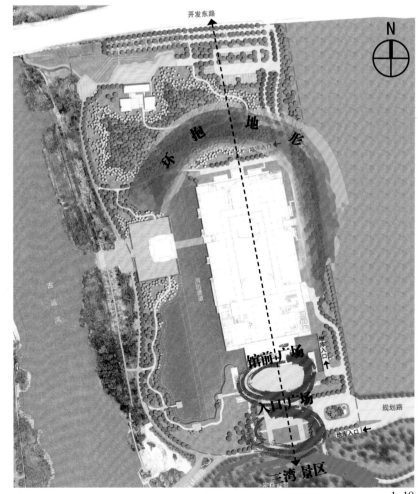

1-19

2. 博物馆内庭院设计

本博物馆的文化主题——大运河文化蕴含非常丰富。如此博大的大运河文化如何表现在有限的园林空间内？园林的山水造景不可能以模写手法再现自然山水，只能"以少总多"，用写意的方法。园林创作的所谓写意，可用文震亨在《长物志》中的两句话来概括：即"一峰则太华千寻，一勺则江湖万里"。所谓造园艺术的"写意"就是以局部暗示出整体，寓全（自然山水）于不全（人工山石）之中；寓无限（宇宙天地）于有限（园林意境）之内。[4]

建筑师规划的内庭院是序厅的框景画面，是博物馆的点题之景，内庭院南北长99.6米，东西宽41米。张锦秋院士构思了在内庭院中布置象征运河的蜿蜒水体；在景观设计师深化过程中通过对扬州代表性园林个园四季山石象征手法的分析提炼，设计运用四组代表中国东、西、南、北的园林山石——北京的房山石、山东的泰山石、西部的秦岭石、南方的太湖石，象征"四方融合"的大运河文化，表现大运河造福幅员辽阔的祖国大地。地面铺装、池底铺装石材纹路近似水纹，体现运河与水文化的紧密联系。内庭院景观设计不仅具有象征性、观赏性，还与博物馆主题文化具有一致性（图1-21 ~ 图1-32）。

图1-21
内庭院实景照片（一）
图1-22
内庭院景观平面图

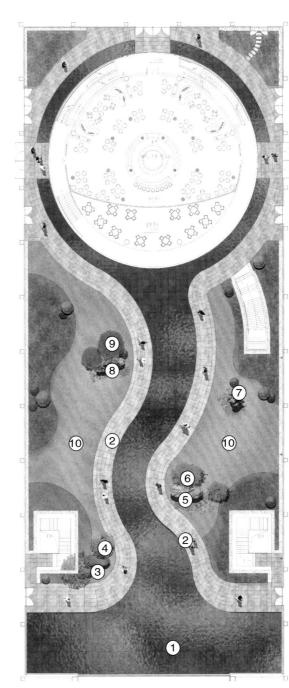

图例

① 水景
② 游步道
③ 房山石
④ 红枫
⑤ 秦岭石
⑥ 造型松
⑦ 太湖石
⑧ 泰山石
⑨ 造型紫薇
⑩ 草坪

1-22

1-23

1-25

1-24

1-26

图 1-23
房山石实景照片
图 1-24
泰山石实景照片
图 1-25
秦岭石实景照片
图 1-26
太湖石实景照片
图 1-27
内庭院效果图
图 1-28
内庭院实景照片（一）

1-27

1-28

1-29

1-30

1-31

1-32

图 1-29
从序厅看内庭院实景照片
图 1-30
内庭院实景照片（二）
图 1-31
内庭院实景照片（三）
图 1-32
内庭院实景照片（四）

3. 博物馆屋顶花园设计

城市屋顶绿化已然成为现代城市生态基础设施的重要组成部分，除了增加城市绿量、改善生态环境、调节温度、降低建筑能耗的生态效益外，还起到美化建筑第五立面的效果。

建筑师规划的屋顶花园面积 12600 平方米，屋顶花园环境设计不突出自身的造型，服从于整体的空间意境和艺术效果，呼应大运塔、博物馆建筑的几何造型，以简洁的方形为主元素进行设计，最终形成象征运河"四通八达"的平面布局，在方形内融入对角线，严谨而不失变化。屋顶花园给游人呈现大运塔、运河三湾、现代城市形象等近、中、远不同层次的景色，使游人感受到古今交融的园林意境美（图 1-33 ~ 图 1-41）。

为了减少建筑屋面荷载，屋顶花园地面铺装采用了支撑器架空设计，隐蔽了大量的设备管线、管井构筑物，效果整洁，避免水泥铺贴泛碱，便于后期检修。为了减轻自重、利于土壤排水，屋顶花园的种植土采用改良轻质土。

图 1-33
屋顶花园实景鸟瞰照片（一）
图 1-34
屋顶花园景观平面图
图 1-35
屋顶花园效果图
图 1-36
屋顶花园实景照片（一）

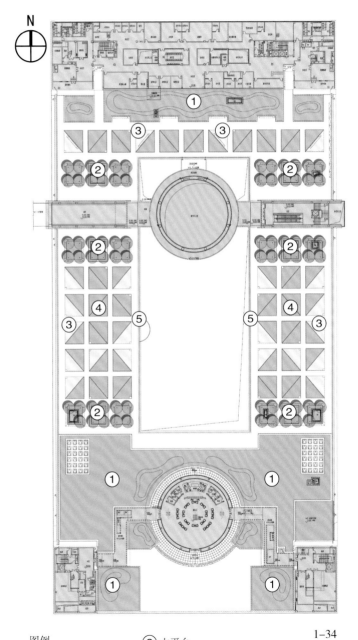

1-34

1-35

1-36

图例

① 绿化   ③ 木平台

② 座椅树池   ④ 种植池

                   ⑤ 架空铺装

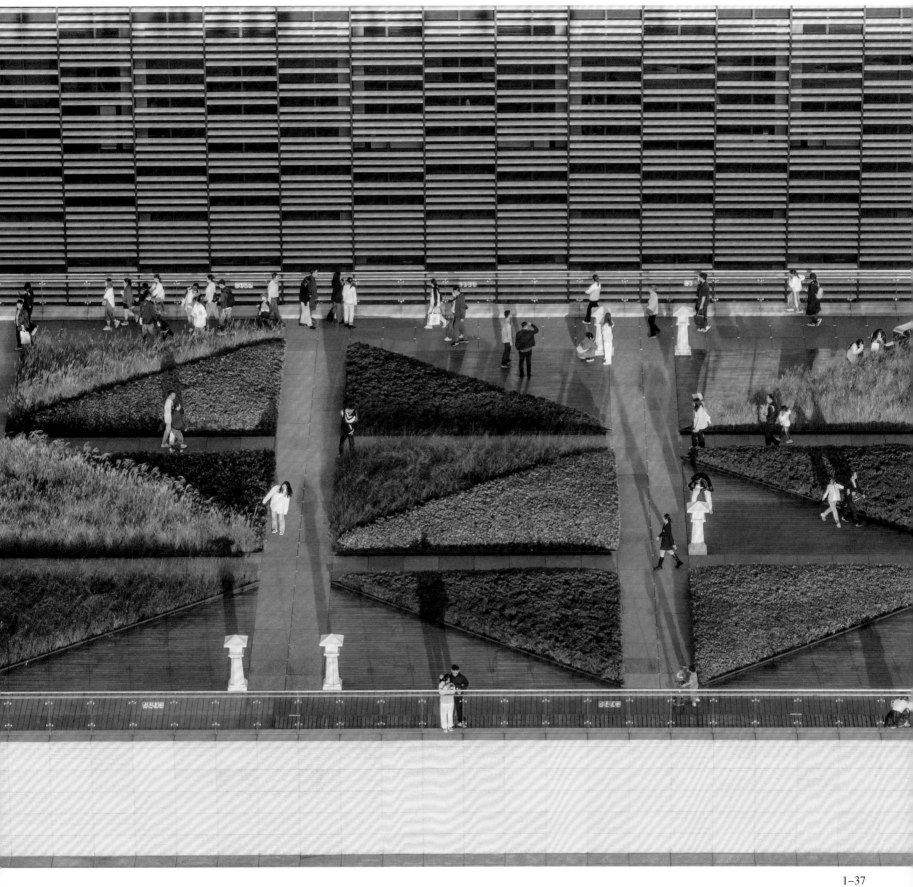

1-38

1-39

1-40

图 1-37
屋顶花园实景鸟瞰照片（二）
图 1-38
屋顶花园实景照片（二）
图 1-39
屋顶花园实景俯瞰照片
图 1-40
屋顶花园实景照片（三）
图 1-41
屋顶花园实景照片（四）

1-41

结语

在历时三年的设计实践中，室外环境设计从项目蕴含的厚重历史文化、场地信息出发，探索现代博物馆环境与中国传统空间意识、园林美学的有机融合，探索博物馆环境地域化的表达方法——以延续建筑设计理念为起点，通过项目整体视角统筹思考园林景观问题，做到环境与建筑的一体化设计；评估场地特征，扬长补短，塑造该博物馆独有的园林意境；结合博物馆的展陈主题，搭建环境与展陈主题的关联，提升博物馆环境的文化氛围；地域文化的挖掘与表现激发了室外环境的文化认同感，促进地域文化传承。以上四个维度的系统工作共同构建"借古为今"的设计理念表达。在中国传统文化复兴的趋势下，在历史文化传承与创新的永恒课题下，博物馆室外环境设计更需要地域文化、中国传统园林文化与西方当代风景园林设计理论的有机融合（图1-42）。

开馆以来，扬州中国大运河博物馆游人如潮、广受好评，成为"江苏省爱国主义教育基地"。2022年扬州十大新地标评选，扬州中国大运河博物馆位居榜首。本项目获2022年陕西省优秀工程勘察设计奖一等奖，2023年中国风景园林学会科学技术奖（规划设计奖）三等奖。

图 1-42
从西侧看博物馆实景鸟瞰

参考文献

[1] 龚良. 中国大运河博物馆的建设定位和发展要求 [J]. 东南文化，2021，6（3）.

[2] 张锦秋，徐嵘. 高塔览胜赋大运，滨河筑馆谱新章——扬州中国大运河博物馆设计 [J]. 建筑学报，2022，3：74–77.

[3] 计成. 园冶注释 [M]. 二版. 陈植，注释. 北京：中国建筑工业出版社，2009.

[4] 张家骥. 中国造园论 [M]. 太原：山西人民出版社，2012.

项目历程

1. 2018 年 5 月 16 日　扬州
项目总负责人张锦秋院士率设计团
队赴三湾选址、踏勘现场

2. 2019 年 5 月 5 日　扬州
扬州中国大运河博物馆（筹）在
三湾风景区奠基

3. 2019 年 5 月 9 日　南京
初步设计通过专家评审

4. 2019 年 12 月 18 日　扬州
建筑基础完成

5. 2020 年 4 月 22 日　扬州
决定增加码头和滨水步道的改造
设计

6. 2020 年 5 月 9 日　西安 – 南京
疫情期间西安至扬州航班暂停，
需飞抵南京转车到扬州施工现场

7. 2020 年 7 月 7 日　扬州
内庭院方案修改多稿没有确定，
在现场感受水系的倒影效果

8. 2020 年 8 月 21 日　扬州
景观水系池底垫层完成

9. 2020 年 10 月 23 日　佛坪
一行十余人，穿梭于秦岭三天，
终于选到满意的秦岭石

10. 2020 年 11 月 4 日　扬州
主馆北侧堆山叠石工程现场

11. 2020 年 11 月 19 日　金华
赴浙江金华选择苗木

12. 2020 年 11 月 20 日　常州
赴江苏常州选择苗木

13. 2020 年 12 月 3 日　泰安
山东泰安选到有水浪纹的泰山石

14. 2020 年 12 月 4 日　济南
考察选择内庭院的造型松树

15. 2020 年 12 月 5 日　房山
赴北京挑选房山石

16. 2020 年 12 月 19 日　扬州
屋顶花园架空地面开始施工

17. 2020 年 12 月 20 日　扬州
滨水步道地形整理

18. 2021 年 1 月 16 日　扬州
设计人员现场指导内庭院置石

19. 2021 年 1 月 16 日　扬州
登塔俯瞰屋顶花园

20. 2021 年 1 月 17 日　扬州
吊装种植内庭院绿化

21. 2021 年 3 月 4 日　扬州
内庭院架空园路施工完成

22. 2021 年 3 月 19 日　扬州
码头基层施工完成

23. 2021 年 4 月 15 日　扬州
开始水池岸边置石，观景台施工完成

24. 2021 年 5 月 20 日　扬州
叠石效果调整之中

25. 2021 年 6 月 3 日　扬州
景观水池开始蓄水

26. 2021 年 6 月 5 日　扬州
扬州中国大运河博物馆竣工验收

27. 2021 年 6 月 16 日　扬州
盛大开馆对公众开放

28. 2021 年 6 月 17 日　扬州
项目总负责人张锦秋院士与各专
业负责人合影留念

29. 2021 年 6 月 18 日　扬州
景观设计专业团队合影留念

30. 2021 年 6 月 21 日　扬州
大运塔下晨练的市民

31. 2022 年 7 月 12 日　扬州
当日扬州 40℃高温，参观游客仍
然达到 9000+

32. 2024 年 5 月 8 日　北京
扬州中国大运河博物馆被评为国家
一级博物馆

2-01

以石引山 以水引海

山海关中国长城博物馆室外环境

LANDSCAPE DESIGN OF SHANHAIGUAN CHINA GREAT WALL MUSEUM

图 2-01
从角山长城看博物馆实景照片

项目背景与项目选址

1. 项目背景

长城文化遗产携带着深厚的中华文化优秀基因，并已成为中华民族的精神象征，需要世代传承与保护。2019年12月中共中央办公厅、国务院办公厅印发《长城、大运河、长征国家文化公园建设方案》。作为重要文化遗产的长城，将以国家文化公园的形式，肩负起展示中华优秀传统文化创造性转化、创新性发展成果的新使命。[1]

山海关中国长城博物馆是长城国家文化公园的核心建筑，是展示、研究与保护长城文化的国家级博物馆，是在新的时代展现国家意志、讲好中国故事、弘扬爱国主义精神、传播长城文化的重要载体。2021年12月，山海关中国长城博物馆正式开工建设。

2. 项目文化底蕴——长城历史文化价值认知

作为人类文明史上的建筑奇迹，万里长城成为政权统一与强盛的象征。长城蕴含的伟大精神包括"团结统一、众志成城的爱国精神；坚韧不屈、自强不息的民族精神；守望和平、开放包容的时代精神"。这三重精神既是长城文化的核心特质，又是中国文化与时俱进的驱动力。在新的时代，长城不断被赋予新的意义与文化内涵，既是中华民族的精神象征，又是世界眼中的中国标志。

3. 长城营造体系——关城一体

长城作为守土卫国的综合防御体系，并非单一的线性巨构。长城的修筑在2000余年间不断发展进步，因地制宜建设了大量军事防御之城，护卫疆域，形成关城一体的长城营造体系，在人类建筑历史上留下浓墨重彩的壮丽画卷。

4. 项目选址——北靠燕山、南眺渤海

经过反复现场踏勘与论证，建筑团队将博物馆选址在山海关北翼城北侧、长城西侧的角山山麓上，依山望海，视野极佳，可近赏雄伟的角山长城，远眺渤海，感悟关城一体的长城营建体系。建筑设计以"城"的设计概念展开，建筑以"城"的方式融合于长城关城体系之中，寓意新时代建造的守护长城精神之"城"，建筑主体对称，水平延展，建筑形象中正简朴，体现大国之姿。形体依山就势，设计刻意削弱建筑体量，以"藏"的谦逊姿态融入自然环境（图2-01、图2-02）。

设计目标

1. 打造彰显中华优秀传统的文化性景观

长城是民族向心力与凝聚力的精神象征，是中华民族的精神标识之一。博物馆室外环境设计力图打造彰显中国传统优秀文化、体现中国传统人居环境理念的文化性景观。

2. 传承长城建造智慧

长城是古代劳动人民辛劳与智慧的结晶，遵循"因地形，用地险塞"的原则，中国古代人民凭借勤劳与智慧，因地制宜、克服困难、代代相传，共同创造出长城这样一个伟大的建筑奇观。博物馆室外环境应传承长城营建智慧，顺应角山地形，结合地貌特点，塑造与建筑相得益彰、融于山水的景观环境。

3. 创造与时俱进的当代景观

长城文化是一个随着时代发展不断自我更新的文化体系，新建的山海关中国长城博物馆反映了秦皇岛的时代发展成果、符合当代人的审美，应体现时代性，创造以人为本、绿色生态、技术创新的当代景观。

图2-02
博物馆东南侧实景鸟瞰照片

2-02

图 2-03
博物馆总平面图

图例

① 迎宾广场
② 入口台阶
③ 入口广场
④ 贵宾入口
⑤ 员工入口
⑥ 北出口
⑦ 博物馆建筑
⑧ 松庭院
⑨ 竹庭院
⑩ 员工停车场
⑪ 非机动车停车场
⑫ 卸货平台
⑬ 候车点
⑭ 观城台
⑮ 映城池
⑯ 角山道
⑰ 故园桥
⑱ 榆关桥
⑲ 云影湖
⑳ 望山台
㉑ 听风园
㉒ 机动车停车场
㉓ 大巴车停车场
㉔ 瀑布
㉕ 溪涧
㉖ 角山山门
㉗ 角山风景区
㉘ 长城
㉙ 国道下穿隧道

2-03

设计理念

1."以石引山，以水引海"的中国传统营造智慧

场地依山望海，借场地北部自然池塘结合泄洪需求向博物馆南侧引水，水流顺地势自然跌落形成溪涧，在场地南部汇聚成大水面。在主体建筑西北角利用建筑开挖土方堆叠山岗，引角山余脉环抱建筑西北，园内叠石开采于背靠的燕山山脉。最终形成的空间格局符合北玄武（山）、南朱雀（池）、左青龙（水系）、右白虎（道路）的中国传统人居环境观念，形成藏风聚气的山水氛围。使博物馆借群山、渤海的雄浑气势，将睿智灵气引入场地。

2."师法自然、融入自然"的整体环境观念

传承长城因山就势的建造智慧，顺应角山地形塑造与整体环境相得益彰的景观环境。场地处在荒野、农业、园林典型的三种自然面貌之中：角山（远景）是荒野景观，属于第一自然；场地周边的农田、樱桃林（中景）是农业景观，属于第二自然；场地内（近景）是园林景观，属于第三自然。通过地形的缝合塑造、植物配置等师法自然的系统性打造，达到三个自然多元面貌同框并置、有机链接、自然景观与人工景观交融共生。最终实施效果呼应了建筑设计"城"的设计概念，以"城"为核心逐步向四周自然环境过渡，最终融于自然。营建了由人工到自然，由精致到质朴的环境过渡，形成"城内精致，城外质朴"的景观风貌。

总体空间布局

总平面突出主体建筑，主体建筑与角山山门共同构成主次分明的两条南北轴线，通过横向交通联系形成三纵三横的园路骨架，自然形态的水系柔化了方正格局，使总体格局曲直有秩，水系同时是博物馆和角山山门、停车场的天然隔离，达到对比之中见和谐的状态。停车场布置在场地的东南侧，游客停车后可通过入口广场大台阶参观博物馆，然后进入角山风景区登长城游览的多维度体验流线（图 2-03）。

室外环境空间层次与设计手法

1. 博物馆主入口

博物馆主入口空间延续建筑轴线，突出秩序感、仪式感。由入口广场、大台阶、馆前广场三部分组成。在入口广场仰望博物馆，形成台阶、建筑、角山构成的近、中、远丰富层次的宏伟景观画面，巨大的景深有利于游客感受博物馆宏阔刚健的形象。依山就势设计九组、每组五级的大台阶，对应博物馆外立面设计台阶、坡道、挡墙的定位，形成入口空间与建筑的对线关系。经过提炼和创新，长城上的射孔演变为照明灯龛造型，长城马道的礓磋面铺装应用在坡道上，不仅烘托长城文化氛围，而且使景观在质朴中见细节（图 2-04 ~ 图 2-07）。

2. 听风园

注重博物馆东侧与长城之间的视觉通廊，听风园成为链接二者的通透绿地，同时为市民和游客创造一片充满活力的开放空间，环形草阶绿地供游客幽静地欣赏自然景色，成为游客游览长城劳顿之余休憩放松的绿色空间（图 2-08、图 2-12）。

3. 理水

云影湖——建筑北侧地势较高，原有天然池塘，用于承接山谷雨季的地表径流，设计顺应场地特性，开挖改造为云影湖，绿植延续角山生态本底，以质朴的造景手法体现自然野趣，使雄浑的角山长城倒影在云影湖中，云影湖成为博物馆和角山之间的环境过渡。

溪涧跌水——溢出水体从云影湖东侧引水而下，由池而瀑，瀑下注潭，从潭引溪，"师法自然"形成溪涧跌水，在贵宾入口东侧放大为池，水系蜿蜒曲折，营造湖、池、瀑、潭、涧、溪等多种水景形态。

映城池——将欲放为池面的溪流水体用岛体分为两个水口，池中为"一池三山"，博物馆建筑倒映在水面上，名"映城池"，隔水望城锚固了建筑与环境的关系。在映城池南侧修筑木栈道、观景台，供游客幽静地欣赏山、水、"城"构成的天然画卷。通过理水不仅有利于洪水的疏导，同时可造"山因水活"的园林意境（图 2-09）。

2-05

2-06

2-07

图 2-04
博物馆主入口实景照片（一）
图 2-05
博物馆主入口实景照片（二）
图 2-06
博物馆主入口坡道实景照片
图 2-07
博物馆主入口灯龛实景照片

图 2-08
听风园实景照片

4. 屋顶观景台

屋顶观景台的设计力求建筑与自然环境相互融合，屋顶中间抬高的设计是为了打造无遮挡的视觉画面，在此登顶一观。极目远眺，顿开心境，北观角山长城巍峨壮观，南眺关城和大海、蓝天尽在眼底，整个山海关长城体系一览无余，是游客纵览角山、博物馆、山海关古城、渤海形成的系列地景文化空间（图2-10）。

5. 角山道

设计尊重历史风貌，保留角山山门，延续了场地记忆，对山门广场进行提升改造，新建角山道与保留山门形成轴线对应关系，打造角山道—山门—角山形成的景观视觉通廊（图2-11）。

6. 二层屋顶花园

助力建筑设计"藏"的设计理念，二层屋顶大量的绿化种植是为了让建筑隐藏于大地之中。屋顶花园精致严谨，通过与建筑周边自然效果的对比，强调城外自然和城内精致之间的景观效果差异，以景观的方式强化建筑设计"城"的理念。

7. 松庭院与竹庭院

博物馆建筑内设计两个具有浓郁中国传统意象的松庭院与竹庭院，将自然环境引入建筑，供游客参观游览博物馆时放松、休憩。松庭院为贵宾出入口的对景，庭院空间以石为骨，以松为架，造型油松错落有致，形成迎宾之势，在阳光的照耀下松影绰绰，与建筑墙体共同构成一幅质朴刚健的迎宾画卷，营造一个安静且深远的环境氛围。竹庭院靠近博物馆西侧办公区，景观以竹为主题，呈现绿意盎然的传统意境庭院空间。

图 2-09
映城池实景照片
图 2-10
屋顶观景台实景鸟瞰照片

2-09

2-10

2-11

8. 低影响开发设计系统

　　低影响开发设计以竖向设计、水系设计为基底，结合角山地形地势、水文条件对雨水进行疏导、净化、收集。设计了生态草沟、下渗凹地、雨水花园共同构成的自然生态系统，将雨水净化后，疏导至地块东南侧的雨水收集池，供绿化浇灌使用。

9. 植物设计

　　博物馆北侧种植设计延续角山松柏类植物缝合场地与角山的关系，同时作为博物馆绿化景观营造的大背景。本着"城内精致，城外质朴"的风貌原则，体现"由人工到自然"的过渡，博物馆内种植凸显人工精致，外围以群落式种植为主营造自然诗意的景观氛围；用景观草凸显长城质朴自然的苍莽意境，营造大气统一、季相丰富的植物风貌。

图 2-11
角山道实景照片
图 2-12
听风园实景照片

结语

　　长城如同一座精神丰碑，铭刻着全体中华儿女团结一致、自强不息的伟大爱国精神，承载着中华民族伟大的创造精神、奋斗精神、团结精神、梦想精神。山海关中国长城博物馆是弘扬爱国主义精神、传播长城文化的重要载体，彰显独有的场地特征，体现鲜明的时代特色，打造了根植于这片土地的守护长城精神之"城"。

参考文献

[1] 韩子勇 . 黄河、长城、大运河、长征论纲 [M]. 北京：文化艺术出版社，2021.

项目历程

1. 2020 年 5 月 27 日　山海关
项目负责人吕成率设计团队赴山海关选址、踏勘现场

2. 2020 年 10 月 16 日　山海关
项目负责人吕成在角山现场向专家讲解方案设计理念

3. 2020 年 12 月 11 日　山海关
项目负责人吕成在角山现场向中央宣传部副部长，文化和旅游部党组书记、部长胡和平汇报设计方案

4. 2021 年 12 月 6 日　山海关
山海关中国长城博物馆奠基

5. 2022 年 9 月 20 日　山海关
博物馆建筑结构封顶

6. 2022 年 9 月 21 日　山海关
角山山门广场改造开工

7. 2023 年 2 月 8 日　山海关
"映城池"池底垫层完成

8. 2023 年 2 月 9 日　山海关
溪流池底垫层完成

9. 2023 年 2 月 9 日　秦皇岛
景观专业负责人曾健与专班领导刘瑞、岳天辉挑选景石

10. 2023 年 2 月 10 日　山海关
角山山门广场改造完成

11. 2023 年 2 月 10 日　昌黎
为本项目挑选苗木

12. 2023 年 2 月 10 日　山海关
入口台阶基础完成

13. 2023 年 2 月 10 日　山海关
从屋顶平台俯瞰入口台阶及水系

14. 2023 年 2 月 11 日　山海关
第 74 次项目建设指挥部工作会议确定了屋顶平台的实施方案

15. 2023 年 3 月 1 日　山海关
俯瞰施工现场

16. 2023 年 3 月 7 日　山海关
"映城池"驳岸结构施工中

17. 2023 年 3 月 7 日　山海关
溪流跌落式驳岸结构施工中

18. 2023 年 3 月 8 日　山海关
入口台阶铺装施工中

19. 2023 年 4 月 9 日　山海关
博物馆施工现场东南侧俯瞰

20. 2023 年 5 月 5 日　山海关
水系驳岸置石施工中

21. 2023 年 5 月 5 日　山海关
屋顶平台架空铺装施工中

22. 2023 年 5 月 6 日　山海关
博物馆冯振副馆长与专班领导岳天
辉在现场工作

23. 2023 年 8 月 9 日　山海关
角山道铺装完成

24. 2023 年 8 月 9 日　山海关
从屋顶平台俯瞰入口台阶及游客
中心

25. 2023 年 8 月 10 日　山海关
入口台阶铺装完成

26. 2023 年 8 月 10 日　山海关
从听风园看博物馆

27. 2023 年 9 月 9 日　山海关
博物馆南侧俯瞰

28. 2023 年 9 月 9 日　山海关
博物馆平面俯瞰

29. 2023 年 10 月 10 日　山海关
博物馆东南侧俯瞰

30. 2023 年 11 月 17 日　山海关
二层屋顶花园施工现场

31. 2024 年 5 月 11 日　山海关
项目负责人吕成率设计团队寻场与
专班工作人员合影

3-01

一池三山 秦风汉韵

陕西历史博物馆秦汉馆室外环境

LANDSCAPE DESIGN OF SHAANXI HISTORY MUSEUM——QIN HAN BRANCH

项目概况与文化背景

1. 项目概况

陕西历史博物馆秦汉馆（以下简称秦汉馆）是一座集文物展览陈列、学术研究、旅游服务等功能于一体的，具有浓郁传统风格的大型现代化博物馆，将成为陕西悠久历史和灿烂文化的象征。秦汉馆是陕西历史博物馆的第一个分馆，由张锦秋院士主持设计。2023年12月29日秦汉馆试开放，2024年5月18日举办"国际博物馆日"中国主会场开幕式活动，正式对公众开放。

2. 项目文化背景

秦汉时期是中国古代社会大变革和大发展的时期，中国制度文明的定型、中国版图的确立、"大一统"政治格局的创建、以"儒学"为主体的政治思想的奠基，以及中华民族的初步形成，都是在秦汉时期完成的。同时秦汉时期在营造方面也形成了独具特色的空间美学意识，秦汉时期所确立的营造模式，对后世营城规划、建筑、园林都产生了潜移默化的影响。在园林方面，秦汉时期是我国园林艺术的发展期，对后世乃至现代园林艺术的发展影响极为深远。

秦汉时期，蓬莱神仙文化崇拜盛行，《史记》最早记载了蓬莱神话的描述，据《史记·秦始皇本纪》记载："齐人徐市等上书，言海中有三神山，名蓬莱、方丈、瀛洲，仙人居之。请得斋戒，与童男女求之。于是遣徐市发童男女数千人，入海求仙人。"秦人对三神山、羽化成仙的追求，使秦汉园林首创了一池三山的造园模式。秦始皇在宫苑内建有"兰池宫"，水中刻有二百丈的石鲸鱼，堆筑了三岛，模拟蓬莱、方丈、瀛洲三座神山。自秦始皇在兰池宫作三仙岛以后，一池三山格局就注入中国园林的血脉，成为中国历代掇山理水的典范并传承至今。在不断沿用的过程中，一池三山的模式不是简单地重复出现，而是通过对该模式的不同探索，寻找出后世"一法多式"的高超园林设计技巧。比如颐和园、圆明园、杭州西湖、承德避暑山庄等皆采用一池三山模式，但又各具特色。

室外环境设计理念

秦汉馆室外环境以映衬建筑的磅礴气势为目的，使室外环境与建筑浑然天成，相得益彰。景观设计师力求达到室外环境与建筑的一体化设计，该一体化原则全维度贯彻设计始终，成为室外环境的设计逻辑，与建筑整体构建系统化空间。室外环境延续建筑师古慧今悟、守正创新的设计思想，设计借鉴秦汉园林文化精粹，本着继承与创新的原则对秦汉园林进行解析，筛选出与秦汉馆规划设计有关联的若干个秦汉园林文化要素进行再创造，在满足现代博物馆室外使用功能的前提下，采用"写意"手法表达秦汉园林的精神和意境（图 3-01、图 3-02）。

图 3-01
秦汉馆夜景实景照片
图 3-02
秦汉馆周边环境实景鸟瞰照片

1. "宫苑结合"的总体布局

秦汉宫苑是以宫室建筑为主的园林形式，建筑在园林中占重要地位。秦汉馆规划设计之初建筑师设定建筑中轴线在秦咸阳宫遗址一号宫殿的中轴延长线上，建筑师规划的总体布局依照这条轴线由南向北层层展开，依次为入口绿化屏障、入口广场、双阙大门、馆前广场，"横桥"穿过景观水池到达秦汉馆，秦汉馆北面为生态园林区。建筑设计采用了既对称又自由的"北斗七星"建筑布局，彰显了高台宫殿的巍峨建筑形象。室外环境遵循"宫苑结合"的整体布局，既有中轴对称的规整严谨，又兼具均衡的自然园林美。轴线上的系列空间端庄大气，轴线两侧及秦汉馆北面的生态园林区突出绿色苑囿氛围，通过地形、绿化营造苑囿的自然意境，成为建筑的生态背景，两者形成气氛上的对比并相互烘托，突出秦汉馆对所在场地形成的绝对控制力（图3-03、图3-04）。

3-03

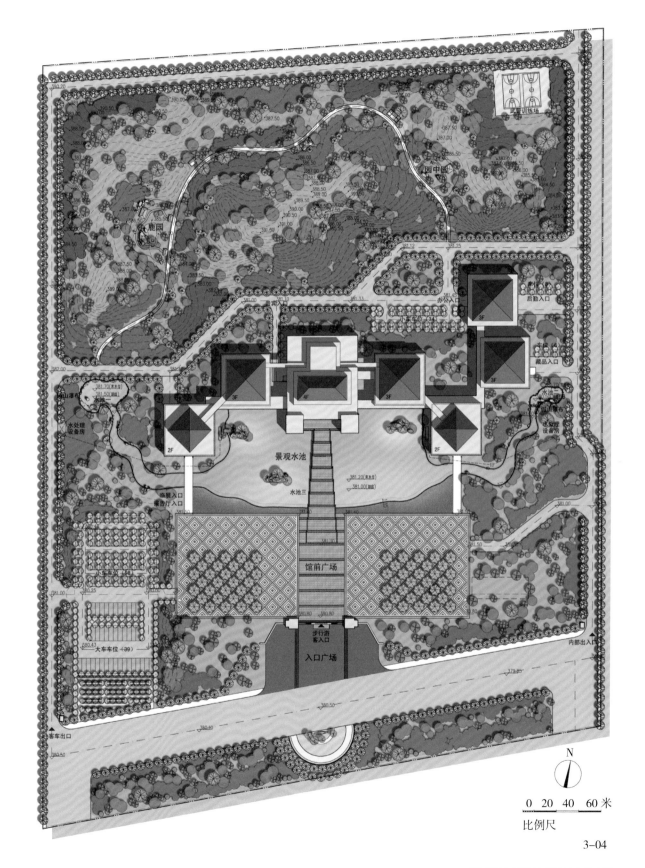

图 3-03
秦汉馆外环境实景鸟瞰照片
图 3-04
总平面图

3-04

2. "一池三山"的园林格局

室外环境设计通过"一池三山"格局表达秦汉园林文化精髓，与博物馆的秦汉文化主题保持一致性。在博物馆南侧景观水池中堆石积土成岛，寓意蓬莱、方丈、瀛洲三神山，配合喷雾技术，营造海上仙洲的园林意境（图3-05 ~ 图3-07）。

3. "树以青松"的秦苑气韵

《汉书·贾谊传》里记载"（秦）道广五十步，三丈而树，厚筑其外，隐以金椎，树以青松。为驰道之丽至于此，使其后世曾不得邪径而托足焉。"这也是中国关于行道树最早的记载。松树是超凡脱俗的"百木长"，不仅姿态优美具有画境效果还有浓郁的中国传统气韵，绿化设计中背景树和点景树以形态优美的各种松树为骨架，烘托浓郁秦风苑囿氛围。

图 3-05
鸟瞰效果图
图 3-06
秦汉馆室外环境夜景鸟瞰照片（一）
图 3-07
秦汉馆室外环境实景鸟瞰照片（二）

3-05

3-06

3-07

室外环境空间层次与设计手法

1. 入口广场

　　入口广场平面设计采用凹入"八"字形平面布局，采用较矮围墙围合，以一种谦逊的姿态突出了入口空间，建造师设计的双阙起到引导游客流线的作用，在双阙中间设计馆名标识墙，馆名放置在标识墙凹入的位置，用以突出秦汉馆名称，馆名标识墙表面材质与建筑、双阙统一，表达空间的整体统一性（图3-08~图3-10）。

2. 馆前广场

　　建筑南面开阔的馆前广场意在突出高台宫殿建筑的壮丽景象，中央为硬质铺装广场，突出开阔简洁、庄重对称的空间氛围，两侧树木采用星宿状的自由布局，绿荫林下空间供游客驻足休憩。设计注重游客观赏博物馆的视线，使游客经过双阙就可在绿化的映衬下看到整个秦汉馆大气恢弘的建筑形象（图3-11、图3-13）。

3. 景观水池

　　建筑师在秦汉馆南面布置了环抱建筑的景观水池，象征"天汉银河"，景观设计师在池中堆石积土成岛，寓意蓬莱、方丈、瀛洲三神山。在建筑东西两侧叠石成山，形成水源高点，营造瀑布、池塘、溪流等丰富的水景形态。景观水池总面积15800平方米，水池采用灵活的设计形式，水体排空后可作为广场使用，池底与馆前广场缓坡自然衔接，池底铺装设计采用不同大小粒径、不同颜色天然砾石搭配，呈现渐变的海滩效果，衬托出米黄色的建筑墙体。池底铺装设计满足消防车荷载要求，当蓄水或排空时均可满足消防车的通行，景观水体采用循环净化活水系统，保证水质与景观效果（图3-14~图3-18）。

图3-08
入口广场效果图
图3-09
入口广场端景实景照片
图3-10
入口广场实景照片

3-08

3-11

图 3-11、图 3-13
馆前广场实景照片
图 3-12
馆前广场围墙细节实景照片

3-12

3—13

图 3-14
馆前水池鸟瞰实景照片

图 3-15
水源实景照片

图 3-16
溪流实景照片

图 3-17
馆前水池实景照片

3-14

4. 北侧生态园林区

秦汉馆北面的生态园林区，设计计划利用建筑的挖方出土堆高地形，成为建筑的自然背景和有力衬托；通过合理的乔木、灌木、花草的搭配，营造一个完整的生态群落，供游客休憩、游览。秦汉园林时期开始兴起了苑中苑（既园中园）的形式，设计秉承苑中苑的园林形式，使规模宏大的园林丰富又不失细节，将其中一个园设计为鹿苑，表达秦汉园林蓄养珍禽的传统，为此区域增添了可供游客参与体验的趣味性。遗憾的是生态园林区未得以建设实施。

5. 围墙细部设计

围墙设计以通透、安全、与建筑一体化为原则，围墙柱子为石灯造型。本次专门设计的金属模具，在土黄色砂浆上压制出类似建筑外墙宝贵石的肌理效果，既降低了工程造价，又在材质肌理和色彩上达到与建筑统一协调的效果（图3-12）。

结语

陕西历史博物馆秦汉馆是国内唯一一座以集中展示秦汉文明的缘起、发展、贡献为宗旨的博物馆。秦汉馆室外环境设计继承秦汉园林的文化精髓，整合现代博物馆建筑室外空间的使用功能要求，在设计理念上与主体建筑相得益彰，浑然天成，用现代设计手法诠释与传承了秦汉园林的文化精髓。秦汉馆将成为体现陕西悠久历史的文化新地标，必将促进区域发展和秦汉优秀传统文化的传承。

图 3-18　馆前水池实景

项目历程

1. 2012 年 6 月 1 日　咸阳
景观专业踏勘现场

关于对咸阳博物院景观设计方案的
修改意见的函

2. 2012 年 10 月 23 日　咸阳
景观设计方案通过设计专家评审

3. 2014 年 9 月 26 日　南通
馆名水晶石打样

4. 2015 年 4 月 9 日　咸阳
景观材料选样

5. 2015 年 5 月 22 日　咸阳
建筑主体结构框架

6. 2015 年 10 月 15 日　咸阳
踏勘现场

7. 2016 年 12 月 22 日　咸阳
馆前广场乔木放线

8. 2017 年 4 月 9 日　咸阳
馆前广场乔木种植完成

9. 2017 年 6 月 29 日　汉中
选择景石

10. 2017 年 7 月 6 日　周至
选择景石

11. 2017 年 7 月 6 日　蓝田
选择乔木

12. 2017 年 8 月 9 日　平凉
选择三仙岛松树

13. 2017 年 11 月 10 日　咸阳
围墙施工

14. 2018 年 1 月 4 日　咸阳
景观水池池底铺装样板

15. 2018 年 4 月 1 日　咸阳
聚土成岛种植松树

16. 2018 年 5 月 3 日　咸阳
馆前广场石材铺装完成

17. 2018 年 7 月 7 日　咸阳
馆前广场透水胶粘石选样

18. 2018 年 8 月 1 日　咸阳
馆前广场透水基层完成

19. 2018 年 8 月 29 日　咸阳
三仙岛置石

20. 2018 年 10 月 10 日　咸阳
张锦秋院士赴现场指导，与曾健合影

21. 2018 年 10 月 24 日　浐陂湖
考察浐陂湖景观建设

22. 2019 年 2 月 12 日　咸阳
南入口景墙

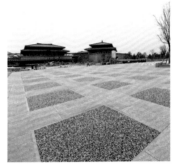

23. 2019 年 3 月 27 日　咸阳
馆前广场透水胶粘石完成

24. 2019 年 5 月 13 日　咸阳
南入口绿岛内松树种植

25. 2019 年 6 月 19 日　咸阳
馆名景墙基础下放置象征"北斗七星"建筑布局的陨石

26. 2019 年 7 月 5 日　咸阳
南入口绿岛内置石

27. 2019 年 8 月 13 日　咸阳
景观设计巡场，提出细部整改意见

28. 2019 年 10 月 11 日　咸阳
现场航拍实景照片

29. 2020 年 4 月 20 日　咸阳
测试喷雾系统

30. 2023 年 12 月 29 日　咸阳
秦汉馆试开放

31. 2024 年 5 月 10 日　咸阳
为正式开馆做准备，张锦秋院士赴现场指导，与曾健合影

32. 2024 年 5 月 18 日　咸阳
国际博物馆日中国主会场活动在秦汉馆举办，秦汉馆正式对公众开放

4–01

「胜利之路」红飘带

延安革命纪念馆室外环境

LANDSCAPE DESIGN OF YAN'AN REVOLUTION MONUMENT

项目背景与场地认知

1. 项目概况

　　延安革命纪念馆是全国爱国主义、革命传统和延安精神三大教育基地，国家 5A 级旅游景区。2004 年被中共中央宣传部确定为全国爱国主义教育示范基地"一号工程"的三个教育基地之一，由张锦秋院士主持设计。2006 年 10 月动工建设，2009 年国庆节对公众开放。是一座集收藏、展示、研究、宣传于一体的国家一级博物馆。

2. 项目文化背景

—— 胜利之路

　　延安是中国的革命圣地，中央红军到达延安，宣告长征胜利，从此陕北成为中国革命的中心。不久全面抗战爆发，党领导人民掀起了中国革命的新高潮，确立了实事求是的原则，找到了中国革命的正确道路，开始独立自主地领导中国革命实践。[1]延安是夺取全国革命胜利的出发点，党领导人民实践了从胜利走向更大胜利的道路。

—— 红飘带

　　延安具有悠久的历史，是陕北传统文化的重要组成部分，形成了独具特色的地域民俗文化，揭示了陕北人民的传统生活形态以及历史文脉。其中安塞腰鼓是陕北地区最具特色的一种民间舞蹈，拥有 2000 年以上的历史。是国家级非物质文化遗产之一，独具魅力的安塞腰鼓充分展示了西北黄土高原农民朴素而豪放的性格，鼓手在表演时于鼓槌、腰部系上鲜红的飘带，舞动起来，如红霞飞舞，给人以欢乐、喜庆、热烈、奔放的艺术感受。

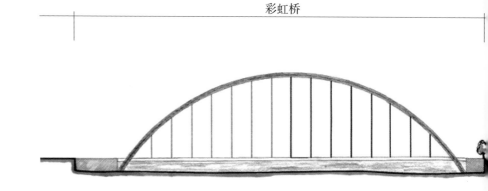

彩虹桥

图 4-01
纪念广场实景俯瞰照片
图 4-02
北望纪念馆室外环境实景鸟瞰照片
图 4-03
沿彩虹桥轴线剖面示意图

4-02

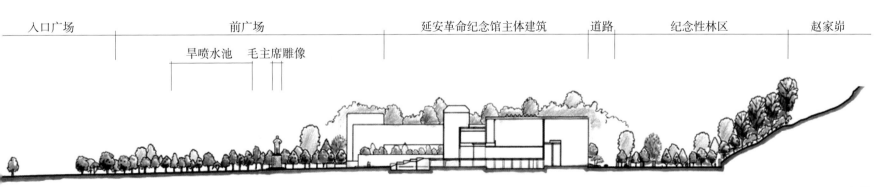

| 入口广场 | | 前广场 | | 延安革命纪念馆主体建筑 | 道路 | 纪念性林区 | 赵家峁 |

旱喷水池　　毛主席雕像

4-03

图 4-04 纪念馆室外环境实景鸟瞰

4-04

总体空间布局

　　建筑师注重将室外环境与建筑、室内相融合，共同营造纪念性空间体系。在总体布局上，以彩虹桥为导向，沿轴线自南而北布置了纪念广场、纪念馆建筑、纪念园区三大部分，三者有机结合、穿插有序、融为一体。由此纵观，自南而北由彩虹桥、纪念馆大门、纪念广场、旱喷水池、毛主席雕像、纪念馆主入口、序厅、纪念园景点、赵家峁松柏区构成了丰富多彩的革命纪念景观轴，从而形成纪念性空间体系的脊梁（图4-02 ~ 图4-05）。[2]

设计目标
——思想性与功能性融为一体的纪念性景观

　　纪念性室外空间是为满足人们纪念的精神需求而存在的，室外环境与建筑、室内共同构成具有思想性的纪念空间体系，把传承和发扬延安精神的伟大事业推向前进。室外环境同时需满足游客及市民室外活动的功能需求，促进延安的公共开放空间建设。两者相辅相成、相互交融，共同构建思想性与功能性融为一体的纪念性室外环境。

设计理念
——"胜利之路"红飘带

　　建筑师确定了在纪念园区设计"胜利之路"的设计理念，景观设计师从室外环境的纪念性、象征性、地域文化性等方面着手，选用红飘带作为"胜利之路"表现元素，纪念园区内以红飘带的形象组织游览线路，不仅具有鲜明的地域特点，而且体现党中央在延安十三年人心所向的广泛群众基础。用红飘带象征的"胜利之路"环绕建筑，象征全国人民紧密团结在党中央的周围，同心同德，共同奋斗，在胜利之路上，从胜利走向更大的胜利。

图 4-05
总平面图

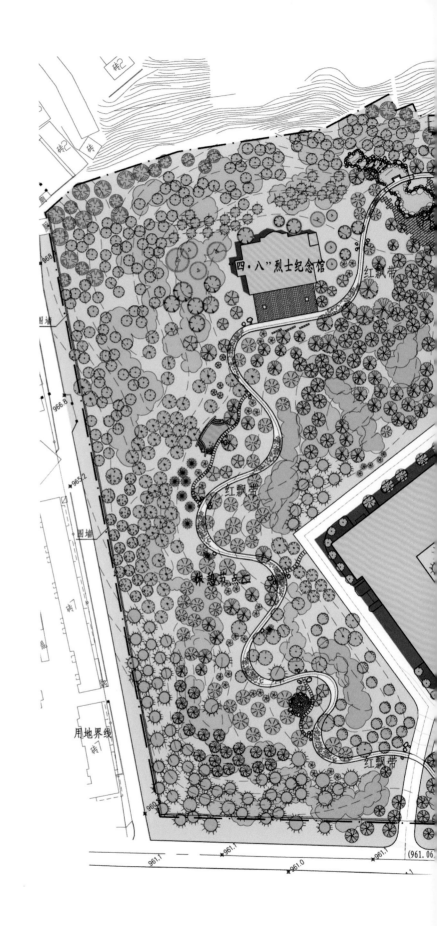

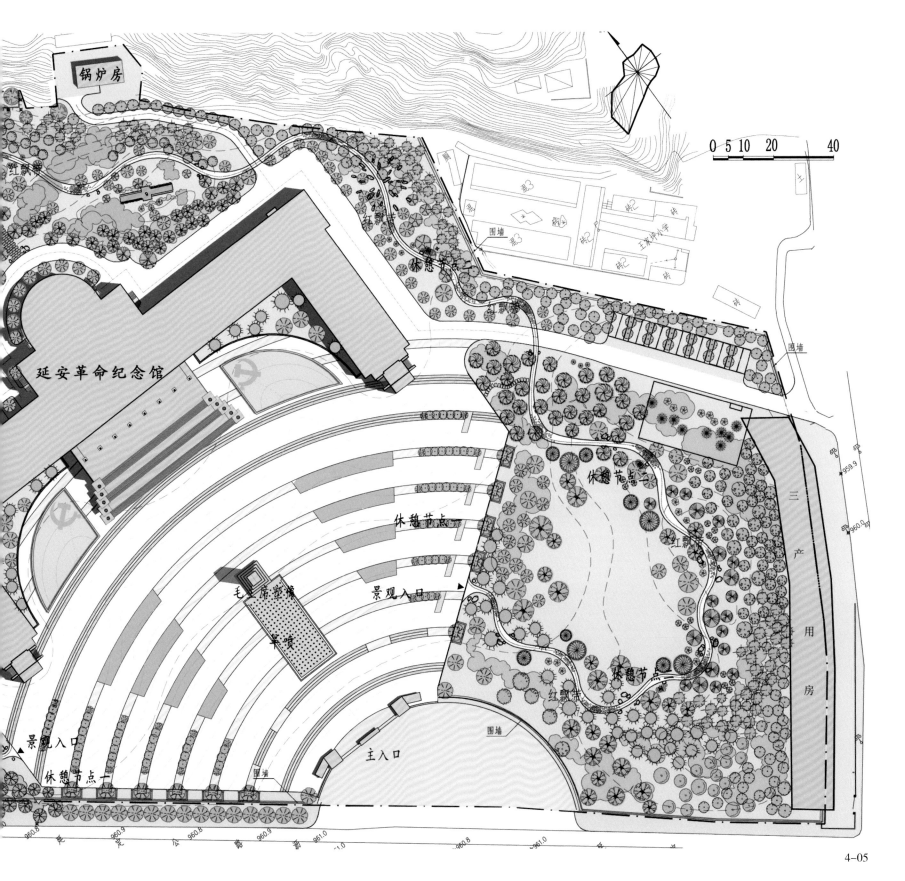

锅炉房

红飘带

红飘带

休憩节点一

红飘带

围墙

围墙

延安革命纪念馆

休憩节点一

休憩节点一

红飘带

休憩节点一

景观入口

毛主席塑像

广场

景观入口

景观入口

休憩节点一

红飘带

围墙

主入口

0 5 10 20 40

三产用房

959.9

960.0

960.8 960.9 960.8 960.9 961.0 960.8 961.0

4-05

延安革命纪念馆室外环境 / 81

室外环境设计手法

1. 纪念广场

纪念性广场通过物质性的建造和精神的延续，达到回忆与传承历史的目的；它是人类纪念性情感的物化形式，是为满足人类纪念的精神需求而存在的；它的精神功能甚至超越了物质功能，成为第一因素，给参观者留下了深刻的"场所"意象。[3]

延安革命纪念馆纪念广场平坦开阔，面积达 2.7 万平方米。纪念广场通过周边道路、植物、建筑围合起来，广场地面铺装设计为同心圆的大型弧形图案，有节奏地为宽阔的广场增加了向心的凝聚感。建筑师在广场中心布置毛主席铜像，使毛主席铜像与广场共同构成一个整体的纪念性空间，毛主席铜像体现了对空间的统治性，通过雕塑表现了毛泽东同志在中国革命史中的崇高地位。在毛主席像南侧设计一个旱喷的水池，鉴于延安地域气候特点，不宜布置大片永久水面，采用旱喷灵活的设计形式，水体排空时可作为广场使用，节庆日根据需要打开喷泉，增添节日气氛。喷泉设计为低涌泉式，烘托毛主席雕像的高大形象，喷泉约 1 米间距矩阵式设置，喷泉开动时形态如波涛汹涌，营造毛主席站在大海边浪漫抒怀的景象，体现毛主席浪漫的革命主义情怀。喷泉水源来自雨水收集池，净化处理后的雨水充分保证了喷泉的水质，喷泉水循环系统对于雨水蓄水池也起到一定的复氧作用，在保持水质同时降低了水处理成本（图 4-01、图 4-06 ～图 4-13）。

2. 纪念园

围绕纪念馆的东侧、西侧及北侧布置纪念性园林，对纪念馆形成环抱之势，以红飘带为表现形式的"胜利之路"上布置若干有革命纪念意义的节点，节点采用"七点同心"式布局，即以纪念广场的毛主席雕像为中心，分布七个纪念性景观节点，红飘带串联各景观节点，环绕主体建筑。节点主题营造较为轻松、浪漫、活泼的室

图 4-06
纪念馆室外环境实景鸟瞰照片

4-06

4-07

4-08

4-09

4-10

图 4-07
沿中轴线北望纪念广场实景鸟瞰照片
图 4-08
景观绿化立面示意图
图 4-09
纪念馆大门标识墙实景照片
图 4-10
纪念广场实景照片

外空间氛围，将体现延安精神的"军民鱼水情""奔赴革命"，以及体现革命家浪漫主义精神的"毛主席诗林"等主题，用不同的手法表现其中，营造"欢乐延安"的景观氛围。在竖向设计方面，将周边地形堆起，加上高大乔木的种植，对建筑形成环抱之势，不但可以屏障周边不良视觉形象，还可以形成建筑的绿色背景和富有变化的林际线。遗憾的是建筑北侧部分节点未得以实施。

结语

延安革命纪念馆打造延安精神在当代最具开放性、创造性的传播载体，构建起红色文化在新时代最震撼人心的精神地标。每到清晨和傍晚，广场上人山人海，这里成了人们晨练、休憩的乐园，似乎诠释了中国共产党革命的最终目的（图4-14）。

延安革命纪念馆作为全国爱国主义教育基地（一号工程）于2009年竣工，获2009年新中国成立60周年中国建筑学会建筑创作大奖、2009年新中国成立60周年百项经典工程、2011年陕西省优秀工程设计一等奖、2011年全国优秀工程勘察设计行业二等奖、2019年中国建筑学会建筑创作大奖（2009—2019）。[4]

参考文献

[1] 韩子勇.黄河、长城、大运河、长征论纲[M].北京：文化艺术出版社，2021.

[2] 张锦秋.延安革命纪念馆（长安意匠张锦秋建筑作品集）[M].北京：中国建筑工业出版社，2011.

[3] 张鋆.现代城市纪念性广场景观设计[D].长沙：湖南大学，2009.

[4] 赵元超.天地之间——张锦秋建筑思想集成研究[M].北京：中国建筑工业出版社，2016.

4-11

4-12

4-13

图 4-11、图 4-14
纪念广场实景照片
图 4-12、图 4-13
纪念广场细节实景照片

4-14

青州博物馆室外环境

LANDSCAPE DESIGN OF QINGZHOU MUSEUM

殿阙巍峨 形意相合

海岱青州 古风汉韵

项目背景及场地认知

1. 项目概况

　　青州博物馆是首批国家一级博物馆中唯一一家县级博物馆，旧馆始建于1959年，其收藏文物之丰富和品类之珍贵，在中国同级博物馆中名列前茅。随着藏品的不断增多，青州博物馆旧馆的空间开始捉襟见肘，影响文物保护、展陈和群众参观游览。2020年3月，青州博物馆新馆开工建设，新馆于2023年5月15日建成并对公众开放，成为青州新的地标性文化建筑。

2. 场地认知

　　青州有着"三山联翠、障城如画"的山水城市格局，青州博物馆新馆用地位于青州市城区西南，地处仰天山路以东，场地北邻南阳湖，东侧为深谷。场地南北狭长，周边风景资源极佳，西面、南面皆可眺望群山，东北方向与对岸的旧馆隔湖相望（图5-01、图5-02）。

3. 项目文化背景

——特色鲜明的齐鲁地域文化

　　古青州是古九州之一、东夷文化的重要发祥地之一，历史文化底蕴深厚，有5000多年的悠久历史。青州地理位置优越，自古被誉为海岱明珠、三齐重镇、两京通衢。

　　古青州作为东夷文化的中心点，在先秦时期是齐文化的腹地，也是齐鲁文化的交汇点，特殊的区位优势，使这里以儒家思想为主流的齐鲁地域文化特色鲜明。其内核是务实进取的思想、包容开放的精神、淳朴豁达的民风。[1]

——丰厚的历史文化遗存

　　青州丰厚的历史文化积淀表现在存留的大量文献典籍、古建筑、古遗址、名胜古迹和馆藏、民藏文物等历史遗存中。青州文物古迹众多，有丰富的地上地下文物遗存。不仅在博物馆存有东汉宜子孙玉璧、明代状元卷、龙兴寺佛像等国之瑰宝，还有100多处国家级、省级和地市级文物保护单位。

——注重古今交融的建筑艺术构架

　　青州博物馆建筑遵循中国优秀传统建筑美学，以中国最高等级的礼制建筑明堂为原型，建筑设计以现代凝练抽象的方式表达传统建筑文化，中轴对称、主从有序、高台殿宇、阙楼四隅、都在青州博物馆建筑艺术里集中体现，建筑造型简洁质朴、大气磅礴。

图 5-01
从旧馆看博物馆新馆实景照片
图 5-02
从南阳湖看向博物馆实景照片

5-03

"无界融合"的设计理念

1. 室外环境与城市环境无界融合

  作为城市公共开放空间，青州博物馆室外环境应给人民带来更多美好的活力户外生活，设计从城市宏观视角出发，统筹思考园林景观问题。青州博物馆紧依南阳湖风景区，鉴于其特殊的地理位置，设计旨在打破用地边界的限制，使博物馆融入南阳湖绿地体系之中，建立建筑与周边山水环境的无界融合，营造公园中的博物馆（图5-03）。

2. 室外环境与地域文化无界融合

  博物馆的文化属性决定了其室外环境不能脱离地域文化而存在，青州博物馆室外环境是城市文化的载体，外环境设计旨在彰显浓厚的青州地域文化特色与时代性。"地域为源"是青州博物馆建筑及其外环境设计的重要原则之一，从古青州蕴含的务实思想、包容精神、阔达民风的深厚文化内涵出发，提炼丰厚的历史文化资源，满足现代人民对室外环境功能的诉求，探索现代博物馆室外环境与青州传统地域文化的无界融合，搭建室外环境与青州历史文化的关联，提升青州博物馆室外环境的特殊文化氛围，增强市民的文化认同感，促进地域文化传承。

图5-03
从东侧看博物馆外环境实景鸟瞰照片

南阳湖　新馆　旧馆

5-04

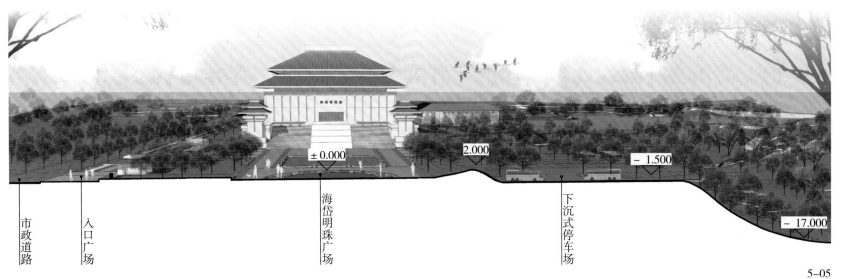

± 0.000　　2.000　　− 1.500

− 17.000

市政道路　入口广场　海岱明珠广场　下沉式停车场

5-05

主从有序的总体空间布局

　　青州博物馆总体布局为主题建筑突出式，总平面布局顺应建筑轴线展开，从南到北依次为海岱明珠广场、草坪、大台阶、二层馆前广场、主体建筑、屋顶花园、北侧生态背景林，共同构建博物馆的轴线。游客入口位于仰天山路，在建筑南面开辟开阔的入口广场——海岱明珠广场，生态停车场布置在基地稍宽的海岱明珠广场东侧，通过地形和绿化隔离海岱明珠广场与停车场的视线，下沉式设计使停车场消隐在绿化之中。大台阶中间为反映青州历史文化的浮雕，拾级而上到达博物馆二层馆前广场，入馆游览后可以到达屋顶花园休憩观景，生态背景林成为博物馆建筑融入南阳湖公园的缝合剂。办公及后勤出入口设置在博物馆西北侧，管理办公楼位于博物馆东侧。形成功能合理、流线清晰、主从有序的总体空间布局（图 5-04 ~ 图 5-06）。

图 5-04
从西南侧看博物馆外环境实景鸟瞰照片
图 5-05
海岱明珠广场东西向剖面图
图 5-06
博物馆总平面图

图例
① 主入口
② 海岱明珠广场
③ 大草坪
④ 绿化隔离
⑤ 下沉式停车场
⑥ 公共卫生间
⑦ 建筑入口台阶
⑧ 二层馆前广场
⑨ 屋顶花园
⑩ 办公楼内庭院
⑪ 办公区停车场
⑫ 办公区非机动车停车场
⑬ 办公区休憩节点
⑭ 生态背景林
⑮ 办公及后勤出入口
⑯ 地库出入口

5-06

室外环境空间层次与设计手法

1. 海岱明珠广场

　　室外环境旨在烘托博物馆建筑的形象，让建筑艺术更富有感染力，从而更充分地展现文化建筑的主题，使参观者与建筑艺术产生心灵的共鸣。海岱明珠广场呼应庄重大气的建筑形象，通过"U"形三面绿化与建筑围合出入口广场，突出建筑为主景，这样的空间能够建立足够的视觉引导力，将注意力吸引到博物馆建筑主入口上，为参观者指明方向，提示游人朝入口大台阶前进。为了充分表现气势磅礴的建筑形象，在建筑台阶南侧设计大草坪，空旷是大草坪的精髓特征，它的虚对应建筑的实，形成强有力的视觉反差，以虚托实，简洁的大草坪映衬殿堂阙楼的厚重建筑形象，更加有利于展现场馆的整体形象气质，彰显文化底蕴。

　　海岱明珠广场提炼镇馆之宝"宜子孙玉璧"纹样进行设计，锚固场所的地域文化特色，表达古人的美好祝福。海岱明珠圆形旱喷广场为公共空间赋予活力，成为儿童的快乐之地（图5-07），简洁的方形石雕座椅兼顾车挡作用，环绕"海岱明珠"布置，游客可在此幽静地欣赏古今交融的环境之美。广场上悠闲散步的人们、欢乐奔跑的儿童，诠释着改善城市公共空间环境、把造福于民的伟业千秋传万代，实为"宜子孙"的当代意义典范（图5-08 ~ 图5-11）。

图 5-07
海岱明珠广场实景照片

海岱明珠

5-08

5-09

5-10

5-11

图 5-08
海岱明珠广场实景照片（一）
图 5-09
海岱明珠广场铺装纹样平面图
图 5-10
海岱明珠广场实景照片（二）
图 5-11
方形石雕座椅实景照片

2. 馆前广场

博物馆二层馆前广场采用架空铺装设计，铺装纹理与建筑立面相呼应，铺装色彩及材质与建筑立面相协调。两侧景观水池柔化了空间氛围，景观水池周围设置条石座椅，成为民众等候、休憩、观景的首选（图5-12～图5-14）。

3. 屋顶花园

屋顶花园富有秩序感，与建筑气质相协调，绿化空间引导视线望向南阳湖，使游客将南阳湖景色尽收眼底，强调建筑和湖面之间的互借成景。四块方正的绿化呼应博物馆的严整造型，绿化周围座椅供游客驻足休憩，造型松树映衬建筑的传统气韵（图5-15、图5-16）。

结语

青州博物馆设计将传统文化融入当代功能之中，文化与室外环境相互交融、场地与城市环境相互交融，创造出富有地域特色的现代博物馆。青州博物馆新馆自2023年建成开放以来，游客络绎不绝，已成为深受人民欢迎的文化公共空间，并荣获2022—2023年度中国建筑工程鲁班奖。

参考文献

[1] 隋同文. 青州上下五千年 [M]. 青州：青州市政府史志编制委员会，2005.

5-13

5-14

5-12

图 5-12
二层馆前广场景观水池实景照片（一）
图 5-13
二层馆前广场条石座椅实景照片
图 5-14
二层馆前广场景观水池实景照片（二）
图 5-15
屋顶花园花池座椅实景照片
图 5-16
从北侧看屋顶花园实景鸟瞰照片

5-15

5-16

传统人文写意山水园林

临潼鹦鹉寺公园

LINTONG PARROT TEMPLE PARK

项目背景与场地认知

1. 项目概况

鹦鹉寺公园位于骊山北麓的西安临潼国家旅游休闲度假区内，距离西安主城区15公里。项目西邻荔池路口，被芷阳三路环抱，地形东高西低，呈台地状逐级展开（图6-01～图6-03）。

2. 项目文化背景

公元前138年，张骞出使西域，开辟了"丝绸之路"，汉武帝为表彰张骞的伟大功绩，在骊山西麓的鹦鹉谷封地480亩，用于种植从西域引进的石榴等物种，并建鹦鹉寺供奉金佛。随着石榴的广泛种植，它不仅成为造福当地百姓的支柱产业，还是临潼地域文化的象征，石榴花更成为西安市的市花。为纪念张骞的伟大历史功绩，2013年西安临潼国家旅游休闲度假区管委会决定修建鹦鹉寺公园，以此彰显张骞开辟"丝绸之路"造福后人的深远意义。但遗憾的是主要的历史景观仅能从文字记载反映，目前历史遗迹荡然无存，2000余年的历史名胜已无象可循。

设计理念
——营造服务当代的中国传统写意山水园林

《园冶》中道："园地惟山林最胜，有高有凹，有曲有深，有峻而悬，有平而坦，自成天然之趣，不烦人事之工。"鹦鹉寺公园场地高差之大超40米，属于最适合造园的山林地，为建成山水相映的中国传统写意山水园林提供了良好的场地基础。

鹦鹉寺公园的景观设计从场地特征出发，顺依地势掇山理水，以"虽由人作、宛若天开"为指导原则，梳理公园地形，使其与周边山形脉络相惯，极其自然地衔接人工与自然。依据地形从理水着手完善设计，营造"山因水活"之景（图6-04）。

图 6-01
骊山晚照下的鹦鹉寺公园实景照片
图 6-02
梨园博物馆南侧实景鸟瞰照片
图 6-03
鹦鹉寺公园实景鸟瞰照片

6-02

6-03

图例
① 公园西入口
② 梨园博物馆
③ 鹦鹉湖
④ 木桥
⑤ 折桥
⑥ 湖畔雅居
⑦ 石拱桥
⑧ 亲水平台
⑨ 湖心岛
⑩ 跌水
⑪ 瀑布
⑫ 登道
⑬ 景观亭
⑭ 公园东入口
⑮ 林荫山脊
⑯ 疏林草坡
⑰ 密林幽谷
⑱ 停车位

芷阳三路

芷阳三路

凤凰池东路

6-04

空间布局及景观设计手法

　　基于对现场地形特性的充分研究分析，设计因高叠石成瀑（图6-08 ~ 图6-10），山形环抱之下白练飞溅；就低挖土成池，汇集山谷瀑布的雨水溪流，水系蜿蜒曲折、有聚有散，营造开阔、精致的三个不同尺度的水面，形成瀑、潭、池、溪等丰富的水景形态。全园地形最高处正对开阔的水池，池岸曲折丰富，园路沿水岸蜿蜒舒展，步移景异；池内堆石聚土成岛营造"一池三山"的秦汉历史景观（图6-11 ~ 图6-13）。水池西侧建设汉风服务建筑，掩映于绿荫树影之间（图6-05），倒影在天光水色之中，建筑与景观环境紧密结合、相映成趣、融为一体（图6-14），构成"隔水望山"互为对景之势。在地势最低处设计西入口，西入口广场采用景墙限定空间，景墙表现张骞出使西域的丰功伟绩（图6-06、图6-07）。在地势最高处设计东入口，东入口内开辟场地建设纪念广场，广场内建设纪念柱，讲述鹦鹉寺的历史渊源，高耸的纪念柱成为公园的标识性构筑物。

6-05

6-06

6-07

图 6-04
鹦鹉寺公园平面图
图 6-05
建筑周边环境实景照片
图 6-06
汉风历史文化景墙实景照片
图 6-07
汉风雕塑小品实景照片

6-08

6-09

图 6-08、图 6-10
叠石山与汀步实景照片
图 6-09
置石驳岸实景照片（一）

6-10

6-12

6-13

6-14

图 6-11
置石驳岸实景照片（二）
图 6-12
蜿蜒水岸实景照片
图 6-13
鹦鹉湖实景照片
图 6-14
鹦鹉湖与汉风建筑实景照片

结语

鹦鹉寺公园合理利用自然环境，寄情于景，具有浓郁的汉风神韵，顺应地形特征的设计策略彰显了传统写意山水园林和现代公园的交融共生，融合了生态、文化、公共开放空间建设，对改善区域生态环境、完善公共文化服务、提高城市文化品位、助力"一带一路"建设都具有重要的推动作用，成为临潼文化旅游休闲的新景点。

第二章 无界与融合

学科之间的边界不再像以往那么明晰。新的公共工程项目整合了功能性、社会文化性、生态性、经济性和政治性等多方面的元素。有限的资源需要用于实现多重目标，从而带来了融合城市规划、基础设施、生态、建筑、景观、经济、艺术和政治目标的多元解决方案。建筑学、景观设计、工程、生态学、艺术、社会功能、环境整治等学科相互融合，产生了无法归纳在传统、单一范畴里的新的项目类型。

——克里斯·里德

古都运动新风尚

曲江文化运动公园
QUJIANG CULTURAL SPORTS PARK

项目背景与场地认知

1. 项目概况

因大雁塔、大唐芙蓉园、大唐不夜城、曲江池遗址公园而闻名的西安曲江新区一期，彰显以传承和发展唐文化为城市特色。曲江文化运动公园位于曲江新区二期核心区域，与大唐芙蓉园、曲江池遗址公园、秦二世陵遗址公园形成景观发展轴线。用地周边皆为居住用地，如果大唐不夜城是展示绚丽多彩唐文化的"曲江客厅"，那么位于绕城高速外的曲江文化运动公园就是人民日常游憩、运动的"曲江后花园"（图 7-01 ~ 图 7-03 ）。

2. 场地认知

经过与曲江管委会、曲江建设集团沟通，明确建设运动公园的建园目的后，对现场踏勘发现场地南北长约 410 米，东西宽约 440 米，南高北低高差达 10 米，并且北侧还有两个建筑垃圾堆。中国园林讲究"因借"，如何因地制宜、因题制宜地进行设计是中国园林的传统智慧，明代造园家计成《园冶》中的核心论述"巧于因借"应理解为借因造景，故要善于用因，甚至化不利为有利，化腐朽为神奇。现场大坡度的高差蕴含动感的运动基因，两个建筑垃圾堆有助于园林化丰富地形的塑造（图 7-04 ~ 图 7-05 ）。

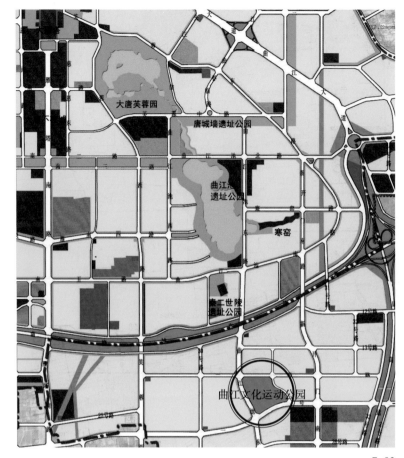

7-02

图 7-01
东大门广场
图 7-02
区位图

图 7-03
运动场实景照片
图 7-04
实景鸟瞰照片

7-03

设计目标与设计策略

基于健康运动主题，公园景观风貌确定为简洁疏朗、绿色生态、活力动感的现代休闲运动公园，从总体到细部设计始终贯穿这一原则。首先构思公园动静分区和功能布置意向，确定保留并改造原状地形，突出表现该公园的地形特征，而后从全园视角出发整体梳理地形骨架，在此基础之上明确平面功能布置和细部设计。最终确定公园建设目标为：以丰富的自然地形、生态环境为特色，以动感活泼、尺度宜人的景观元素为亮点，集游憩休闲、健身运动、绿色生态、社区服务为一体的运动主题公园。设计目标通过以下六个设计策略贯彻与实现：

1. 统筹兼顾的总平面布局

从功能上讲，运动公园融合了运动场和公园的特征，需要尽量减少运动和休闲游览之间的相互干扰，让人们在绿色公园中各自畅快淋漓地运动和舒适地游憩。首先在东、南、西、北四个方向设置四个出入口（图7-07～图7-12），西北部为儿童游乐场和各类活动场地（图7-13～图7-15），东北部为篮球场和网球场，因为南部地下为停车场和运动场馆，考虑工程经济合理性，所以将大体量的健身运动场馆布置在西南角，需要大面积硬化的足球场布置在东南侧，尽量减少覆土种植屋面的面积且降低工程造价。生态绿化景观布置在中部，成为各个功能区的绿色联系。谷底设计雨水花园及散步道，形成功能合理、交通便利、动静分离的总体格局（图7-06）。

图 7-05
西北侧实景鸟瞰照片
图 7-06
公园总平面图

7-05

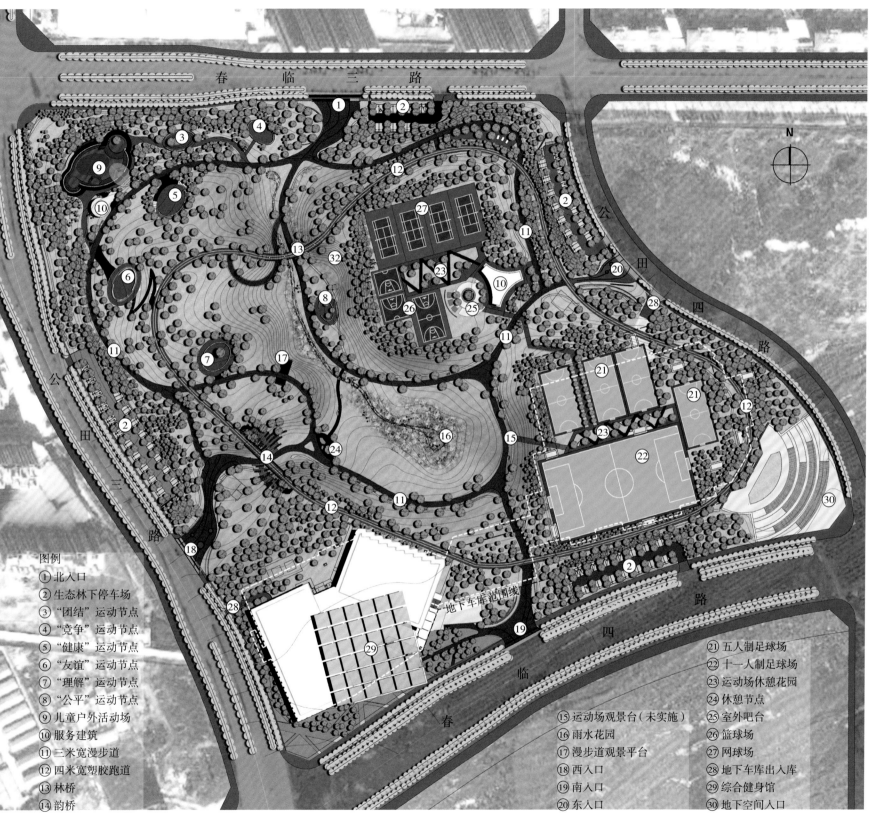

图例

① 北入口
② 生态林下停车场
③ "团结"运动节点
④ "竞争"运动节点
⑤ "健康"运动节点
⑥ "友谊"运动节点
⑦ "理解"运动节点
⑧ "公平"运动节点
⑨ 儿童户外活动场
⑩ 服务建筑
⑪ 三米宽漫步道
⑫ 四米宽塑胶跑道
⑬ 林桥
⑭ 韵桥

⑮ 运动场观景台（未实施）
⑯ 雨水花园
⑰ 漫步道观景平台
⑱ 西入口
⑲ 南入口
⑳ 东入口

㉑ 五人制足球场
㉒ 十一人制足球场
㉓ 运动场休憩花园
㉔ 休憩节点
㉕ 室外吧台
㉖ 篮球场
㉗ 网球场
㉘ 地下车库出入库
㉙ 综合健身馆
㉚ 地下空间入口

7-06

7-08

7-07

7-09

7-10

7-11

7-12

7-13　　　　　　　7-14

图 7-10
西入口广场标识实景照片
图 7-11
西入口广场实景照片（一）
图 7-12
西入口广场实景照片（二）
图 7-13
儿童游乐场实景照片（一）
图 7-14
儿童游乐场趣味景墙实景照片
图 7-15
儿童游乐场实景照片（二）

7-15

2. 借因造景的地形梳理

设计对场地地形反应敏锐，因此要提炼场地中有利的景观特征并使其更加明显。将现状的两个建筑垃圾堆作为地形塑造的骨架填埋材料，既可以减少土方填挖工程量，避免垃圾外运产生的工程投资，又突出了项目的场地特征。具体竖向设计方面，梳理现状杂乱破碎的地形，依据功能、空间艺术效果进行陡和缓的转化，塑造成为连绵起伏的景观坡地，将原始状态的垃圾堆塑造成为层次分明的园林空间，陡缓变化丰富的坡地也有利于景观功能的合理布置。曲江运动公园建成后舒展自由的地形成为一大亮点，体现了对垃圾堆的正确利用策略，用一种简单明了的方式诠释了中国园林的核心主题：通过地形的塑造创造新的空间，巧于因借，将原本的缺点、难点转化成为亮点（图 7-16 ~ 图 7-23）。

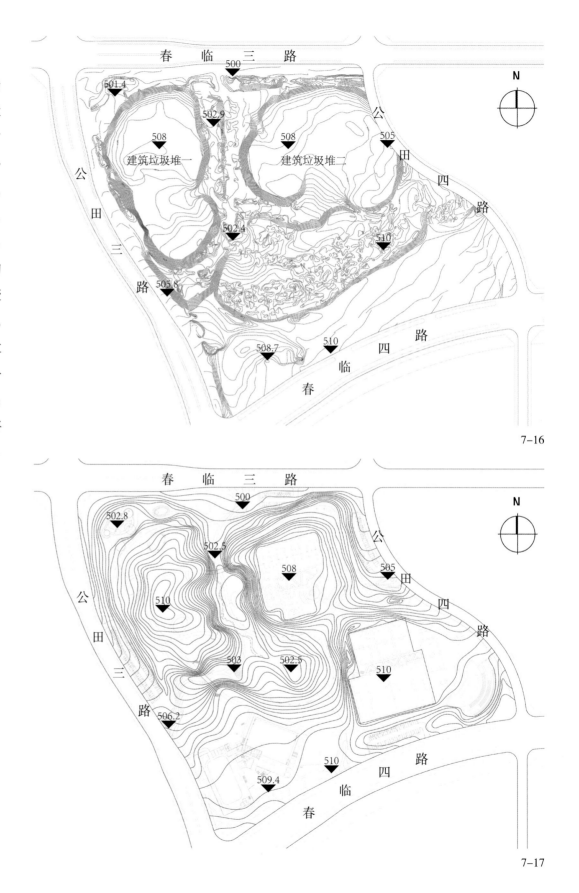

7-16

7-17

图 7-16
场地原状地形图
图 7-17
公园竖向设计平面图
图 7-18
场地原状实景照片
图 7-19
建成后鸟瞰实景照片

建筑垃圾堆一
羊头镇社区建设中的
原状杨树
建筑垃圾堆二建设中的
曲江香都建设中的

7-18

羊头镇社区
保留原状杨树
曲江香都

7-19

7–21

7–22

7–23

图 7-20
草坡实景照片（一）
图 7-21
草坡实景照片（二）
图 7-22
林桥旁边草坡实景照片
图 7-23
草坡实景照片（三）

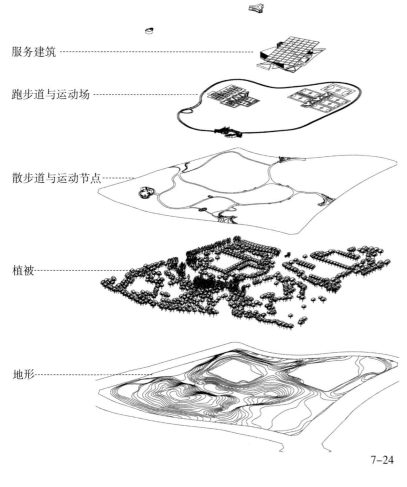

服务建筑

跑步道与运动场

散步道与运动节点

植被

地形

7-24

图 7-24
公园结构分析图
图 7-25
林桥鸟瞰实景照片

3. 多维立体的流线组织

　　紧密结合地形设计，以地形为骨架，巧妙地将跑步道和散步道设置为两套园路交通体系，利用连接两个山谷的景观桥，形成"立体交通"系统，散步道从跑道桥下穿过，通过坡道、台阶可以便捷地到达跑道。地形高差在"林桥"的设计中变成了优势元素，通常位于空间核心功能之外的坡道，在这里用作主要的设计元素，使弧形的桥体和坡道成为统一的整体（图 7-24 ～图 7-34）。1000 米长的塑胶跑道形成跑道环，散步园路系统也形成灵活的小环和大环。最终使运动跑步者和散步游客之间既方便交通联系，又互不干扰（图 7-35、图 7-36）。

7-26

7-27

7-28

图 7-26
林桥实景照片
图 7-27
林桥栏杆细部实景照片
图 7-28
毛石挡墙细部实景照片
图 7-29
坡道及林桥实景照片

7-31

7-32

7-33

图 7-30
韵桥实景照片（一）
图 7-31
韵桥栏杆细部实景照片
图 7-32
韵桥周边台阶实景照片
图 7-33
韵桥实景照片（二）
图 7-34
韵桥立面图

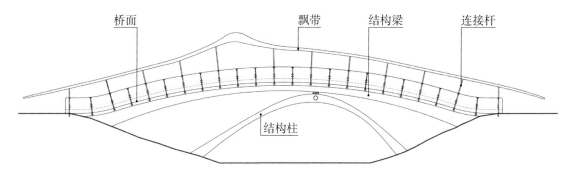

7-34

图 7-35
散步道实景照片
图 7-36
跑步道与散步道通过坡道联系实景照片

7-36

7-37

7-38

7-39

4. 动静有致的功能布置

利用场地高差，在游客视线不易到达的地形高处设置"动态"的跑道、足球场、篮球场、网球场等，在谷底及坡底布置"静态"的散步道和休憩场地，形成了"四周动中间静，谷顶动谷底静"的合理功能布置（图7-37～图7-41）。为了满足全年龄段的活动需求，设计了下沉式的儿童游乐场，高低起伏富有想象力的游乐空间设计，已成为儿童的"山"和"谷"，是儿童乐于体验的地形，令小朋友乐不思归。在四周设计了兼顾防护的座椅和看台式的遮阳篷，这些都是为了便于家长的看护。

借鉴奥林匹克精神设计了"理解""友谊""团结""公平""竞争""健康"等全民运动节点，体现重在参与的奥林匹克原则（图7-42～图7-46）。节点保持简洁的设计，通过设定一套设计规则定义和统一运动节点，因为没有限制的设计将更加困难，这些运动节点被定义为空间开放、功能复合的规则，形式限定为圆形和椭圆形的各种组合。建成后的跟踪调研发现，这样聚散有致地布置在绿地之中的运动场地深受人们喜爱，面积适宜的运动场地规模可以容纳各种各样的运动，轮滑、广场舞、太极拳、各种舞蹈、瑜伽等在这里交替呈现，满足了不同年龄段、不同运动项目、不同社团的场地需求（图7-47～图7-51）。

图 7-37
运动场休憩花园实景照片（一）
图 7-38
运动场休憩花园挡墙实景照片
图 7-39
运动场休憩花园实景照片（二）

图 7-40
运动场休憩花园平面图
图 7-41
运动场休憩花园鸟瞰实景照片

① 草坪　② 透水混凝土　③ 休息空间

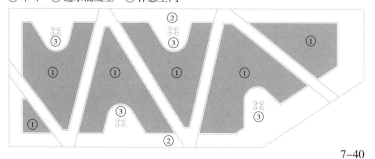

7-40

7–41

7-42

图 7-42
"友谊"运动节点鸟瞰实景照片

图 7-43
"友谊"运动节点坡道实景照片

图 7-44
"友谊"运动节点实景照片（一）

图 7-45
"友谊"运动节点实景照片（二）

图 7-46
"友谊"运动节点坐凳实景照片

7-43

7-44

7-45

7-46

7–47

图 7–47
跑道实景照片
图 7–48
"公平"运动节点实景照片
图 7–49
"公平"运动节点活动之广场舞实景照片
图 7–50
"公平"运动节点活动之轮滑运动实景照片
图 7–51
"公平"运动节点活动之羽毛球运动实景照片

7-48

7-49

7-50

7-51

5. 生态海绵城市的探索应用

    设计团队利用公园丰富的坡地特征，遵循低影响开发模式，开展雨水综合利用，建设多层次的具有吸水、净水、蓄水和释水功能的"海绵体"，减少向城市管网排水，提高城市防洪排涝能力，节约水资源，改善城市生态环境。在园路边缘建设生态草沟，在谷底建设雨水花园，雨水经生态草沟、雨水花园下渗、过滤、收集进入位于谷底的地下雨水收集池，用于平时的绿化浇灌和清洗路面，让公园如同生态海绵般舒畅地"呼吸吐纳"（图 7-52 ~ 图 7-57）。统筹考虑地下雨水收集池的定位，地面以上的构筑物经包裹、美化成为观景台，使生态设施和景观融为一体（图 7-58 ~ 图 7-62）。

图 7-52
生态草沟实景照片（一）
图 7-53
草坡与雨水花园实景照片
图 7-54
生态草沟实景照片（二）
图 7-55
雨水花园实景照片
图 7-56
生态草沟实景照片（三）

7-53

7-54

7-55

7-56

图 7-57
雨水花园实景

7-59

7-60

7-61

① 观景台　② 泵房　③ 通风井　④ 蓄水池

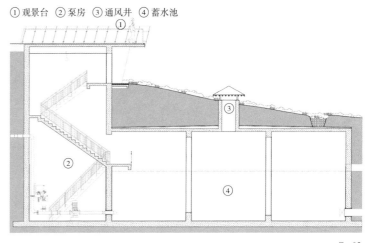

7-62

图 7-58
观景台实景鸟瞰照片（一）

图 7-59
观景台护栏细部实景照片

图 7-60
观景台实景鸟瞰照片（二）

图 7-61
观景台实景俯瞰照片（三）

图 7-62
观景台与蓄水池剖面图

6. 疏密有致的绿化配植

基地内的原生杨树被保留下来，经常有原居民在公园里依据杨树来定位老宅曾经的位置，原居民的归属感诠释了并不名贵的杨树也可使场地充满历史记忆。公园四周及运动场外围采用密林的绿化种植手法，减少灰尘、噪声的影响，在市政道路上使公园呈现出绿色生态的形象界面，公园内部采用疏林草地的种植形式，公园中心为通透开阔的草坡，成为人们享受自然、观赏日落的理想场所。同时适当点缀观赏草花，营造疏密有致的绿化空间，苗木全部使用西安乡土植物，为市民提供一个亲切舒适的绿色运动游憩空间（图 7-63 ~ 图 7-67）。

结语

西安曲江文化运动公园设计以城市健康运动文化为内涵，因地制宜地梳理地形地貌，采用低影响开发模式，广泛利用海绵城市技术，设置合理便捷的功能分区和交通路网，可以作为一种借因造景设计手法，为景观设计提供一种模式。该项目获得中国建筑学会 2019—2020 中国建筑奖风景园林二等奖，入选中国风景园林学会 2017 年会"西北风景园林建设优秀成果展"。

7-63

7-64 7-65 7-66

7-67

项目历程

1. 2015 年 5 月 6 日　西安
踏勘现场

2. 2015 年 6 月 10 日　西安
开始设计构思、多方案比较

3. 2016 年 2 月 4 日　西安
经多轮汇报，设计方案总平面确定

4. 2016 年 3 月 24 日　西安
西安曲江管理委员会批复：公园名称
变更为西安曲江文化运动公园

5. 2016 年 5 月 19 日　西安
设计方案通过审查

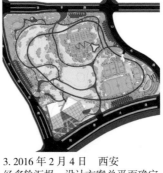

6. 2016 年 5 月 24 日　西安
项目开工，照片中为保留的原状杨树

7. 2016 年 6 月 24 日　咸阳
考察观赏草苗圃

8. 2016 年 7 月 16 日　西安
公园模型制作完成

9. 2016 年 9 月 4 日　西安
西入口施工现场

10. 2016 年 9 月 19 日　西安
儿童游乐场基础垫层完成

11. 2016 年 9 月 27 日　西安
"友谊"节点耐候钢板挡墙施工现场

12. 2016 年 9 月 29 日　西安
"团结"运动节点施工现场

13. 2016 年 10 月 8 日　西安
"团结"运动节点施工现场

14. 2016 年 10 月 14 日　西安
儿童游乐场钢结构遮阳亭完成

15. 2016 年 11 月 8 日　西安
"友谊"节点透水混凝土施工现场

16. 2016 年 11 月 30 日　西安
地下蓄水池施工中

17. 2016 年 12 月 8 日　西安
林桥坡道施工现场

18. 2016 年 12 月 22 日　西安
北入口景墙框架

19. 2017 年 1 月 13 日　西安
韵桥结构完成

20. 2017 年 2 月 16 日　西安
观景平台结构完成

21. 2017 年 2 月 17 日　西安
林桥结构完工

22. 2017 年 2 月 19 日　汉中
挑选景观石

23. 2017 年 3 月 2 日　西安
东入口耐候钢挡墙

24. 2017 年 3 月 8 日　西安
运动休憩花园施工现场

25. 2017 年 3 月 18 日　西安
观景平台红色喷漆完成

26. 2017 年 3 月 21 日　西安
塑胶跑道施工

27. 2017 年 3 月 25 日　西安
林桥坡道施工现场

28. 2017 年 3 月 29 日　西安
公园名称标识安装

29. 2017 年 4 月 12 日　西安
儿童游乐场施工现场

30. 2017 年 4 月 24 日　西安
雨水花园置石

31. 2017 年 4 月 28 日　西安
西安曲江文化运动公园开园

32. 2021 年 11 月 26 日　西安
初雪后游人如织的西安曲江文化运
动公园

"无边界"
的滨水景观设计理念实践

西峡鹳河生态文化园
XIXIA STORK RIVER ECOLOGICAL AND CULTURAL PARK

项目背景与场地认知

1. 项目概况

西峡坐拥"一半山水一半城"的城市格局（图 8-02、图 8-03），鹳河作为候鸟迁徙路线之一，因多鹳鸟栖息而得名（图 8-01）。鹳河西侧为寺山，东侧为主城区，鹳河生态文化园位于河南省西峡县城区鹳河西岸，北起沪陕高速，南至仲景大道桥，设计范围贯穿整个城区，总长度约 8 公里，总设计面积 62.7 万平方米。2016 年为保护人民的生命财产安全、修复鹳河生态环境、提升城市形象，西峡县委、县政府决定建设鹳河生态文化园。开启了为期六年、以滨水景观带动城市更新的项目。

2. 场地认知

在进行了细致的现场调研、规划研究分析后，了解到人们对鹳河系统化建设的期望是很高的，逐渐理解了鹳河所蕴含的特有本质内涵和存在的问题：

图 8-01
西峡城市印象实景照片集锦
图 8-02
西峡县城实景照片
图 8-03
鹳河实景照片

8-03

场地南段（仲景大道至世纪大道）堤防为多年前建设的浆砌石堤岸，同期建设的橡胶坝使鹳河南段拥有开阔的水面，堤岸上现有长势良好的柳树，原滨河市政路紧贴河道，距离堤岸仅 2～3 米的距离，滨水活动空间狭小且不安全，而绿带在道路外侧，众多入口把绿带分隔的支离破碎，导致绿地布局散乱。世纪大道南侧有丁河汇入鹳河，形成鹳河、丁河三角洲，由于鹳河、丁河的天然分割，以及世纪大道的割裂影响，三角洲与两岸之间步行交通联系不便（图 8-04）。沿鹳河绿地系统缺乏整体规划设计，慢行系统缺乏连贯性。如何整合散乱的绿地使其形成连贯系统，特别是如何缝合鹳河、丁河天然形成的空间割裂？是亟待解决的首要问题。

场地中段（世纪大道至封店桥）、北段（封店桥至沪陕高速）为破旧的石堤和土堤，防洪标准低，河道内呈现天然的浅滩湿地、水草丰沛，提供鹳鸟栖息的生态系统。北段韩楼堰下游河道较窄，此地一直是行洪安全隐患之处，严重威胁人民生命财产安全。通过和水利部门沟通得知鹳河具有行洪时水量骤增、冲刷力大等山区河道的水文特性，如何统筹处理行洪安全与景观建设的关系？特别是如何解决北段的行洪安全隐患问题？是亟待解决的第二个问题。

类似当今很多河道存在的难题：河道内及周边拥有良好的生态自然基底，但河道边界破坏性建设情况严重，河岸公共开放性差，配套设施不足，人们无法体验到滨水空间的诸多优点。这些问题在该场地中同样存在。人工建造以何种策略介入河道与周边环境之间？如何修复场地的生态环境，系统梳理城市、山水与人的关系，提升场地价值？是亟待解决的第三个问题。

8-04

8-05

图 8-04
鹳河中段实景照片

图 8-05
鹳河河道现状实景照片

"无边界"的滨水景观设计理念

　　考虑到以上三个问题，由风景园林师和建筑师、桥梁工程师、水利工程师组成的跨学科团队，为鹳河的绿色空间提出了"无边界"的滨水景观设计理念，试图尽可能完美地将景观生态系统、行洪、市政道路桥梁、人民的需求相结合。设计以城市总体规划为依据，景观满足水利需求，以景观为主线统筹生态、水利、市政、交通、园林等各项功能，以"无边界"思路弥合人为的空间割裂，把水安全、水生态、水景观、水文化融合起来统筹规划设计。设计以场地生态系统和西峡文化脉络为线索，以缝合城市、提高行洪能力、生态修复为出发点，系统性梳理城市、山水与人的关系，采用低干扰的处理手法，使景观作为城市双修、城市更新的媒介，完美地镶嵌于西峡山水之间（图8-05～图8-07）。实现从单纯治水、绿化建设到城市综合治理的转变，达到还水于民、还绿于岸，重新构筑人、山、水、城之间的紧密联系。设计团队通过"灰绿"交融、"蓝绿"交融、情景交融三大设计策略，实现了鹳河滨水公共空间重塑，塑造了城市客厅和茱萸岛两个绿色公共空间亮点，使鹳河重新成为浪漫的风景，供人们体验和欣赏。

图例

① 茱萸岛	⑬ 世纪大道桥
② 寻芳塔	⑭ 城市客厅
③ 花田花海	⑮ 生态停车场
④ 北京大桥	⑯ 升龙桥
⑤ 鹳河石涛	⑰ 西峡英烈
⑥ 亲水栈道	⑱ 彩虹桥
⑦ 林间塔望	⑲ 观景台
⑧ 思亲桥	⑳ 好问赋诗
⑨ 韩楼堰	㉑ 建设西路桥
⑩ 封店桥	㉒ 屈原遗风
⑪ 服务建筑	㉓ 寺山码头
⑫ 龙成大桥	㉔ 北小河湿地公园

图 8-06
总平面图
图 8-07
鹳河实景鸟瞰照片

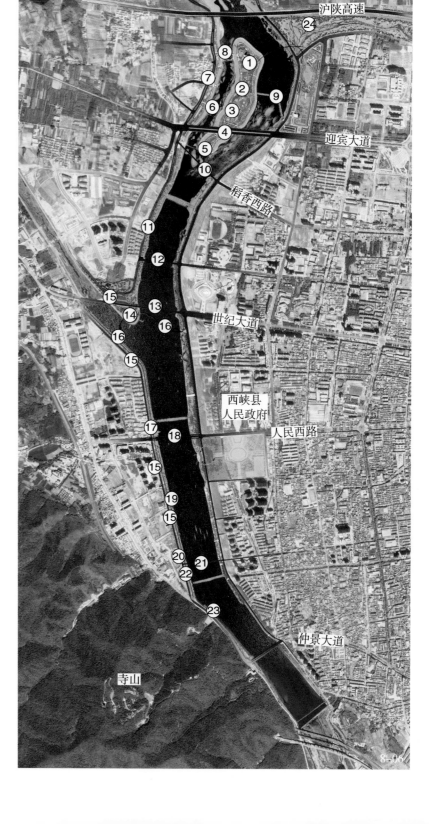

8-07

设计策略

1. "灰绿"交融，共享景观

　　"灰色"市政道路、桥梁、基础设施和"绿色"景观的相互交融共生，将"绿色"景观与"灰色"设施统筹考虑、融为一体、互为映衬，以慢行优先为原则，系统化梳理慢行交通体系，景观与道路、桥梁、配套设施合理衔接，达到融路于景、融桥于景的效果，将鹳河生态文化园与城市紧密联系在一起，形成人民共享的景观。

——缝合城市、绿道贯通

　　把慢行交通系统作为缝合城市的要素，通过建设连通两岸和三角洲的步行桥、慢行系统与桥梁立体交通等方法，实现慢行系统的安全无障碍贯通，最终整合成为10公里长的沿河贯通绿道，绿道集自行车骑行道、跑步道和散步道为一体（图8-08），绿道穿梭于丰富的乡土植物和湿地环境之中，滨河绿道串联了景区、居住区、学校及办公区等，成为市民运动、休闲、出勤的绿色开放廊道（图8-09）。

8-08

8-09

——优化布局、亲近河道

在设计城市滨水空间时，为人们提供尽可能多的近水绿地是至关重要的。针对南段市政道路紧贴河道的问题（图8-10），设计将原滨河市政路外移，绿带调整到河边，将原滨河路西半幅利用改造为骑行道和跑步道，东半幅破除改造为公园绿地（图8-11），并将海绵城市技术融入其中。通过道路的外移改造增加了滨河公共开放绿地，改善了绿地使用效率，优化了西峡绿地系统布局。人民可以更安全、更舒适地享用滨水绿地开放空间（图8-12）。

图 8-08
滨河跑步道与骑行道实景照片
图 8-09
连通两岸及三角洲的绿道实景照片
图 8-10
原市政路实景照片
图 8-11
市政路改造示意图
图 8-12
市政路改造后实景照片

8-10

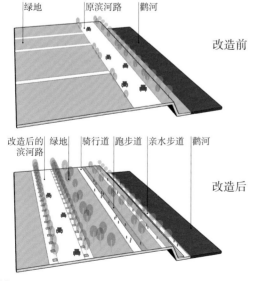
8-11

8-12

图 8-13
鹳河畔的自来水厂实景照片
图 8-14
水厂施工过程实景照片
图 8-15
水厂立体功能分析图

8-14

——基础设施、无界融合

自来水厂作为城市"灰色"基础设施，往往有一个清晰的用地边界，且与城市隔离。该项目内水厂原址紧邻鹳河，常年受洪水侵扰，因设施陈旧必须重建，由于城市建设用地有限，无法另辟新址建设，需在滨河新建自来水厂。如何妥善处理防洪、水处理工艺、景观、建筑之间的关系？成为设计难点。借助无边界的整体设计，将景观作为理解场地和介入设计的媒介，将"灰色"基础设施与"绿色"景观相融合，全面考虑城市建设领域内的所有因素，将景观、水处理工艺、防洪、建筑不同学科间的差异性进行整合，生成全新的复合空间，将传统自来水厂分散布局变为立体叠合布置（图 8-15）。以"地景化"为策略起点，将庞大的水处理工艺设备、净水池等建筑匍匐于地下（图 8-14），覆土后形成了滨水绿色坡地景观。方筒状楼梯间将办公用房挑高，临空于坡地和滨河步道之上，使办公用房处在百年一遇洪水位之上的安全高度，同时给办公用房提供了绝佳的景观视线。充分利用屋顶，从滨河市政道路拾级而上可到达屋顶观景平台，创造出面对河景，开放共享的公共景观空间，通过楼梯可到达滨河步道，形成立体的参观流线。水厂办公、生产有独立入口，市民的游览与水厂的日常运行立体分流，市民的游览不影响水厂正常运营。水厂自身极简的外观也成为鹳河的一道美丽风景（图 8-13）。通过"灰绿"融合策略弱化了基础设施与城市的边界，探索城市基础设施与景观系统的多样化关系，实现了城市"灰色"基础设施的复合化、公共化、景观化。

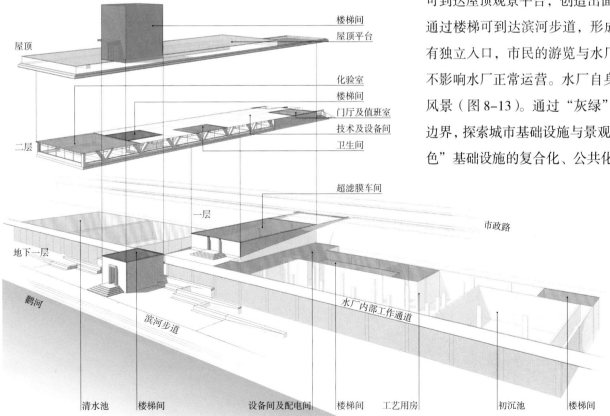

8-15

——完善配套、宜居西峡

　　本着区域公共服务配套缺少什么补充什么、人们需要什么设计什么的原则。西峡生态文化园的建设完善了城区配套服务功能，不仅为市民提供了卫生间（图 8-18、图 8-19）、商店、儿童游乐场（图 8-16）、篮球场、野餐亭、停车场、跑步道、健身场、餐厅等设施，还建设了监控系统、背景音乐系统等，服务广大人民群众，增加西峡人民的幸福指数。

　　南段原有的浆砌石防洪堤和汉白玉栏杆被要求保留，设计团队选择风景资源好的观景点建设出挑观景台（图 8-17）、儿童游乐场、亲水平台等，从而打破、活化了防洪堤形成的僵硬边界。

8-16

图 8-16
儿童游乐场实景照片
图 8-17
出挑观景平台实景照片
图 8-18
折顶成山的卫生间实景照片
图 8-19
公共卫生间与滨河绿道实景照片

8-17

8-18

8-19

2. "蓝绿"交融, 弹性景观

城市规划中"蓝线"和"绿线"通常由水利部门和城建部门分别管理, 导致很多河流的"蓝绿"分界线成为一堵僵硬的防洪堤, 将人的活动与河流分开。本项目突出生态优先原则, 通过中段和北段的生态水岸建设, 形成兼顾游览与行洪的生态弹性绿地 (图 8-20), 柔化"蓝绿"分界线, 成为可弹性使用的生态性景观。

——生态修复 安全行洪

如何合理处理景观与防洪的关系? 对于鹳河再自然化景观的重塑应介于理想自然空间与安全行洪之间, 充分考虑山区河道行洪时具有的水量骤增、冲刷力强等特点, 本次建设将鹳河 20 年一遇的设防标准提高到 50 年一遇, 中段及北段将原岸边的陡坡梳理成 1:3 ～ 1:10 坡比的自然缓坡地形 (图 8-21), 缓坡创造了一系列的标高, 向下延伸到水中, 让人们可以亲水。缓坡对洪水破坏性冲击力起到缓冲作用, 河堤护坡为石笼草坡生态堤岸, 石笼具有很强的抗冲刷能力, 石笼的设计源自古代李冰父子都江堰竹笼的理水智慧, 石笼覆土种植根系发达的地被后增强了河道边坡驳岸生态性, 护坡在日常作为供市民驻足休憩的绿地, 洪水来临时作为行洪通道拥有足够的雨洪容纳空间。滨水步道建设于高出河床 50 厘米处, 以保证市民亲水的安全性 (图 8-22)。打造既能亲水游憩, 又能满足行洪的滨水景观, 实现水利行洪与生态游览的共生 (图 8-23)。

8-20

8-21

8-22

图 8-20
鹳河生态草坡实景照片
图 8-21
自然缓坡堤岸实景照片
图 8-22
茱萸岛西侧分洪道实景照片
图 8-23
茱萸岛东侧主河道实景照片

——拓宽行洪通道，形成生态湿地

为解决北段河道较窄的行洪隐患问题，遵循因地制宜原则，巧妙利用场地北侧现有池塘（图 8-27），开挖改造池塘形成分洪道，拓宽了行洪通道，同时形成城市生态岛屿——茱萸岛（图 8-28）。分洪道营造自然生态的水岸，形成兼顾休闲、野趣、水质净化的湿地和沙洲（图 8-24、图 8-25），分洪道平时作为生态湿地供市民游览体验（图 8-26），洪水期可作为行洪通道，共同构建弹性景观体系。

8-24

8-25

图 8-24
分洪道内湿地的实景照片
图 8-25
分洪道内沙洲的实景照片
图 8-26
市民在分洪道内活动的实景照片
图 8-27
原鹳河北段实景照片
图 8-28
茱萸岛与主河道（图右）、分洪道（图左）
的实景照片

8-26

8-27

8-28

—— 生态海绵城市的实践

西峡年降雨量充沛，项目滨邻河边，雨水、河水综合利用的实践势在必行。设计团队在绿地内建设生态草沟（图 8-29、图 8-30）及雨水花园（图 8-31），雨水经生态草沟、雨水花园生态过滤净化，通过管道进入蓄水池、沉淀、过滤、净水池、泵房于一体的生态基础设施工作站，全段共建设三处该工作站，净化后的雨水加压后进入绿化浇灌管网，供绿化养护使用，雨水不足时补充河水，形成生态性的雨水、河水综合利用系统。

—— 弹性景观建成效果检验

2021 年 9 月 26 日西峡鹳河经历 20 年一遇洪水，秒流量 2800 立方米，通过了项目建成后的首次洪水考验（图 8-32、图 8-33），实现了"小水入槽，大水漫滩"的预期，证实了"无边界景观"设计理念的适宜性。

图 8-29
生态草沟实景照片
图 8-30
景观节点实景照片
图 8-31
雨水花园实景照片
图 8-32（a）
茱萸岛主河道行洪时实景照片
图 8-32（b）
茱萸岛主河道平时实景照片
图 8-33（a）
龙城大桥北侧行洪时实景照片
图 8-33（b）
龙城大桥北侧平时实景照片

8-29

8-30

8-31

8-32 　　　　　　　　　　（a）　　　　　　　　　　　　　　　　　　　　　　　　（b）

8-33 　　　　　　　　　　（a）　　　　　　　　　　　　　　　　　　　　　　　　（b）

3.情景交融，文化景观

面对项目所处的地理位置特征与西峡历史文化，依托场地客观条件，创造与场地脉络、历史文脉和谐共生的地域文化特色景观（图8-37），追求自然景观与西峡历史文化情景交融，相得益彰。

—— 传承历史、延续文脉

唐代诗人王维的一首《九月九日忆山东兄弟》，建立了茱萸和重阳文化、思乡情感的紧密联系，西峡是中国山茱萸之乡、中国重阳文化之乡，拥有全国现存唯一屈原文化遗址——屈原岗。规划设计生态岛以茱萸岛命名，全岛广植茱萸，设计有思亲桥（图8-36）、寻芳塔。此外还设计了"红色西峡""西峡英烈""好问赋诗""屈原遗风"等反映西峡历史文化的景观节点（图8-34），让西峡地域文化贯穿于整个设计之中。

—— 就地取材、绿色低碳

防洪护坡、景墙、座椅的填充材料使用现场河道内的卵石（图8-35），极具地域性且降低工程造价。树木选用就近的乡土苗木，无需特别养护就可以繁茂生长。保留河堤上的树木及河道内的生态系统，让原有的场地记忆印刻在整个设计之中。

图 8-34　西峡历史文化节点实景照片

图 8-35　卵石座椅实景照片

图 8-36　思亲桥实景照片

8-37

图 8-37　城市与自然景观的实景照片

项目亮点

1. 山水交融、城市客厅

　　以山、水、城为环境特色是西峡的城市灵魂，而西峡一直缺乏一个彰显城市特征的场所。丁河与鹳河的交汇也意味着沿河步行交通与生活的交汇，成为视觉和交通的焦点。而鹳河两岸之间的联系以车行交通为主，缺乏步行桥，沿鹳河西岸的步行系统因丁河汇入无法连贯，同时三角洲与鹳河东西两岸之间缺乏慢行交通联系，设计初始一直在思考怎么样建立三者之间的慢行联系？

　　在2016年9月一次踏勘现场时，发现鹳河、丁河三角洲位置优越、视线开阔，远处对景为寺山公园，在此观看山水城市的视觉景深最佳，是欣赏城市美景的最佳观景区域，在此地建设彰显城市魅力的"城市客厅"想法油然而生。加上联系东西两岸的步行桥，可以统筹解决慢行联系、休闲游憩、形象展示等诸多问题。

　　城市客厅设计为高低两个景观平台，较高的景观平台为市民观赏山水城市提供了一个全新的视点，市民可以顺着鹳河下游方向极目远眺，隔水望山，隔水望城，极具画意（图8-38）。景观平台和步行桥都处在50年一遇洪水高程之上，保证游人及行洪安全（图8-39），在城市客厅北侧布置游客服务建筑，此建筑也是城市客厅与市政道路、停车场之间的隔离。寺山方向拾级而下（图8-40、图8-41），构筑了一个硕大的观景广场和带状滨河平台（图8-42、图8-43），保证日常市民游览的亲水性，亲水景观平台"平洪共用"平时作为供市民驻足休憩、观景、跳广场舞的活动场所，洪水期可以作为行洪通道。建成后为市民塑造了一个富有特色的活动场所，成为市民和八方来客共享西峡山水城市魅力的城市客厅。

图 8-38
城市客厅实景鸟瞰照片

8-38

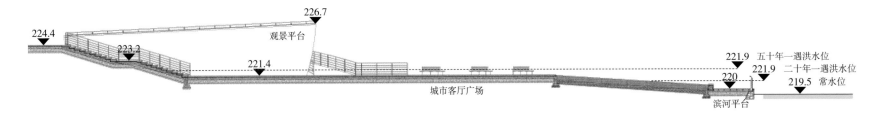

224.4   226.7   观景平台   223.2   221.4   221.9 五十年一遇洪水位   221.9 二十年一遇洪水位   220   219.5 常水位   城市客厅广场   滨河平台

8–39

8–40

8–41

8–42

8–43

8-44

8-45

图 8-46
升龙桥与城市客厅实景照片
图 8-47
城市客厅观景台及服务建筑实景照片
图 8-48
升龙桥及休息平台实景照片
图 8-49
从城市客厅望向寺山实景照片
图 8-50
城市客厅实景鸟瞰照片

8-46

8-47

8-48

8-49

城市客厅的建设证明了适度介入的人工建造并非自然山河的对立物，而是一种相互作用的混合体，城市客厅成为人工与自然的对话。通过顺应水流的边界、层层降低的高程，使其与场地相呼应，强化了场地的自然特征，是对场地的积极表达，使城市客厅和升龙桥（图8-44、图8-45）完美地镶嵌在西峡山水环境之中（图8-46 ~ 图8-49）。不仅连接两岸和三角洲，为市民的生活提供了新的体验，而且连接了人与城市和山水的关系。如果在城市客厅现场，您对风景的感知将有了城市山水画的意境（图8-50）。

8-50

2.城市绿肺 —— 茱萸岛

茱萸岛以生态修复为出发点（图8-51），花海景观、林中栈道、野餐亭、寻芳塔等生态体验空间布置在茱萸岛西侧（图8-52 ~ 图8-55），茱萸岛东侧岸边种植水生植物，建设亲水草阶、观鸟亭，保护主河道的浅滩湿地，留出鹳鸟的活动通道。茱萸岛在规划设计时本着主从有序布局、人工自然共生的原则，服务建筑、景点的定点和定向与自然环境紧密联系，整体布局围绕两条轴线自然展开，游客服务中心建筑布局在有利于防洪的地形最高处，也是南北轴线的开端，向南依次布置花廊草坪、杏花林、花海、儿童游乐场、石涛草阶等，强调景色的多样性。西岸规划市政道路与观景台、观鸟亭形成东西向的轴线。轴线交点为标志性景观建筑寻芳塔（图8-56），寻芳塔为全区制高点，人们可在寻芳塔登高远眺，感悟重阳文化，体验螺旋上升、步移景异的连续山水画卷（图8-57 ~ 图8-60），在这里游人可以感受到人与山水环境已融为一体。

茱萸岛沿岸设环形一级道路体系，二、三级路串联各景观节点，通过景观桥、栈道、楼梯连接周边滨河路、北小河湿地公园和北京大桥，形成连贯的慢行系统网络，营造骑行、慢跑、散步在内的多种游览体验。利用绿化群落修复生态环境，为人民提供一个拥抱自然、放松身心的蓝绿游憩空间。

图 8-51
茱萸岛实景鸟瞰照片

8-51

8-52

图 8-52
野餐亭与思亲桥实景照片
图 8-53
野餐亭设计草图
图 8-54
观景亭与湿地沙洲实景照片
图 8-55
观景亭设计草图

8-53

8-54

8-55

8-56

8-57

8-58

图 8-56
观景平台与寻芳塔实景照片
图 8-57
寻芳塔内视角实景照片
图 8-58
寻芳塔实景照片
图 8-59
寻芳塔立面图及剖面图
图 8-60
鹫河生境与寻芳塔实景照片

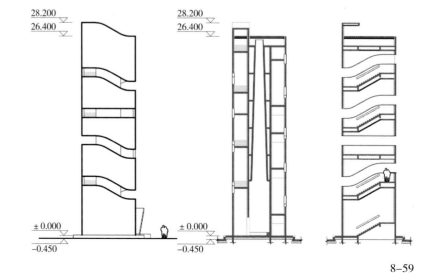

8-59

8-61

图 8-61
鹳河全景实景照片

结语

建成后的西峡鹳河生态文化园为人们提供了一幅自然式的画景，实践了以山水环境为基底，以服务人民为宗旨，以历史文化为内涵，集生态修复、海绵城市建设、历史文化展示、运动休闲等多功能为一体的滨水开放空间。彰显了西峡以山、水、城为环境特色的城市灵魂，体现了行洪安全、市政设施与生态景观的交融共生，完善了城市功能，提升了城市魅力和吸引力，是以"无边界"理念开展河道综合治理的有益探索（图 8-61、图 8-62）。该项目获得 2021 年中国风景园林学会科学技术奖规划设计二等奖。

西峡鹳河生态文化园实践验证了哈佛大学教授查尔斯·瓦尔德海姆（Charles Waldheim）在《景观都市主义》一书中所表述的：风景园林师作为新兴的混合专业身份，被用来应对工业城市的社会、环境和文化所面临的挑战。在这种社会环境下，风景园林师被设想成一群负责整合民用基础设施、改善公共空间和环境的新型专业人员。风景园林师这种最初为塑造当代城市而诞生的职业起源，为将景观作为一种城市化形式的讨论和实践提供了饶有趣味的启示。

项目历程

1. 2016 年 3 月 18 日　西安
由西峡县委、县政府、县人大、县政协组成的指挥部成员赴西安考察

2. 2016 年 3 月 22 日　西峡
设计团队第一次踏勘现场

3. 2016 年 4 月 28 日　西峡
发现两河交汇处风景资源良好，激发城市客厅的构思

4. 2016 年 7 月 5 日　西峡
人民强烈的亲水意愿和僵硬防洪堤的矛盾

5. 2016 年 7 月 26 日　西峡
鹳河生态文化园规划设计方案通过西峡县城市规划委员会评审

6. 2016 年 10 月 18 日　西峡
茱萸岛西侧的池塘原状

7. 2017 年 1 月 6 日　西峡
原贴近河道的市政道路开始改造

8. 2017 年 3 月 11 日　西峡
保留并延长封店桥，找到封店桥原设计图纸

9. 2017 年 6 月 22 日　西峡
现场研究茱萸岛设计细节

10. 2017 年 8 月 27 日　西峡
南段亲水步道地形整理

11. 2017 年 10 月 25 日　西峡
南段挑出观景台钢结构施工现场

12. 2017 年 10 月 26 日　西峡
原市政道路保留一半，改造为健身步道

13. 2017 年 11 月 15 日　西峡
服务建筑施工现场

14. 2017 年 12 月 7 日　西峡
为了打破栏杆和河堤的僵硬感设计的挑出观景台

15. 2018 年 2 月 11 日　西峡
南段种植乔木

16. 2018 年 4 月 12 日　西峡
就地取材，使用河道内卵石作为座椅填充材料

17. 2018 年 5 月 9 日　西峡
儿童游乐场挑出观景台施工现场

18. 2019 年 2 月 4 日　西峡
城市客厅施工现场

19. 2019 年 3 月 9 日　西峡
城市客厅及升龙桥施工现场

20. 2019 年 4 月 9 日　西峡
城市客厅北段护坡改造

21. 2019 年 9 月 10 日　西峡
升龙桥观景台及城市客厅施工现场

22. 2019 年 10 月 30 日　西峡
城市客厅施工现场鸟瞰

23. 2019 年 11 月 22 日　西峡
茱萸岛施工现场鸟瞰

24. 2020 年 5 月 22 日　西峡
南段及城市客厅竣工验收，对公众
开放

25. 2020 年 6 月 5 日　西峡
寻芳塔结构封顶

26. 2020 年 8 月 14 日　西峡
思亲桥施工现场

27. 2021 年 4 月 25 日　西峡
茱萸岛施工现场鸟瞰

28. 2021 年 5 月 18 日　西峡
延长封店桥施工现场

29. 2021 年 7 月 10 日　西峡
封店桥南侧护坡

30. 2021 年 9 月 26 日　西峡
通过了项目建设中首次二十年一遇
洪水考验

31. 2022 年 5 月 1 日　西峡
全段对公众开放

32. 2023 年 5 月　西峡
鹳河风光

现代活力
城市公园

曲江青年公园

QU JIANG YOUTH PARK

图 9-01　户外课堂实景俯瞰照片

项目背景

青年是国家的未来，民族的希望，2017 年 4 月，中共中央国务院印发《中长期青年发展规划（2016—2025 年）》，倡导学生"走下网络，走向室外"。在此背景下，西安曲江新区将该公园定位为以服务青年为主的城市综合公园，旨在为青年人提供一座可以进行思想交流、锻炼身体、陶冶情操、启迪智慧、亲近自然的城市公园。

场地认知

西安曲江青年公园位于西安市曲江新区高速出入口东侧，北部为民政小区，东侧为仓储建筑和曲江康桥学校，场地西侧有加油站一座。

如何降低南侧高速公路、东侧仓储建筑的不良影响，创造一个安静的公园环境，是第一个难题。

场地南北长约 500 米，东西宽约 220 ~ 370 米不等，总占地约 14.5 万平方米，场地边界极不规则，如何使公园融入环境，建立公园与城市的紧密联系，是第二个难题。

现场有 41 万立方米的外来工程堆土，要求不得外运，如何处理场地内的堆土，是第三个难题。

总平面布局

充分考虑青年人群的特点，在总体布局上，以新颖的空间结构营造创新、开放的空间氛围。受现代艺术的启发，发现源自抽象绘画的构成艺术可以提炼为公园的布局形态，以点、线、面的抽象艺术手法规划一个活泼且有秩序的公园布局（图 9-01 ~ 图 9-04）。

9-02

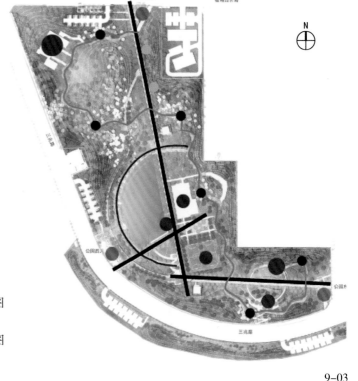

图 9-02
设计构思图
图 9-03
规划结构图
图 9-04
总平面图

9-03

民政小区

翔 悦 路

N

曲江高速
收费站出入口

文 英 路

加油站

仓储建筑

曲江康桥学校

绕城高速

红 锦 路

绕城高速

9-04

总体布置三条具有强烈方向性的林荫道，三条林荫道分别连接三个主入口，将人流从入口引向中央草坪；中央草坪广场的几何曲线整合三条轴线，提供青年之间的交流和聚会空间，象征多元青年文化的交汇点，体现青年人的开放，活力与朝气，简洁明晰的空间形式则体现了青年人纯粹的性格特质。这样的构成略显僵硬，一条自由曲线构成的森林之路贯穿整个公园，活化构图，将各个功能区串联起来（图9-06～图9-25），森林之路内包含一系列的主题式小花园，供青年人阅读、学习、交流和冥想（图9-26～图9-30）。

公园三条主要园路结合一条自由的森林之路和弧形中央草坪，形成构图感强、简洁明快的空间结构。用曲与直、动与静、规则与自由等对比手法进行空间组织，成为公园的交通骨架，形成主次分明、层次感强的交通组织关系，同时解决公园用地不规则的问题。整体布局为地形梳理、场地布置、建筑定点、绿化种植打下骨架基础。风景园林是艺术与工程的融合体，这个抽象形态非常适合这个场地，还呼应了青年的特点：简洁、创新、富有秩序。

方案设计主要内容包括：两处五人制足球场、一处滑板场和攀岩场、两座综合服务建筑、读书场地，雕塑艺术长廊、观景步行桥、绿阶户外课堂、森林漫步道和中央草坪等。南侧绿带规划为具有自然地形特征的风景林带，成为公园与高速公路之间的绿色屏障（图9-31～图9-44）。

地形梳理

充分利用现场41万立方米堆土，构建公园与绕城高速、仓储建筑间地形的隔离，使公园成为安静的独立空间。经过梳理后，在南部形成地形高点，阻挡高速公路的噪声和灰尘；东部围合地形阻隔了热力站、库房的不良视觉形象影响，西部设计地形遮挡加油站，最终形成外围自然地形；中间环抱一块大草坪，有包围之势的场地空间，地形极其自然地满足景观功能需求，营造远离城市喧嚣的"城市绿洲"。

公园中央草坪开阔，四周自然起伏的丰富地形营造"步移景异"的景观效果，创造了不同的生态环境，地形塑造使公园兼具开阔和幽静的空间变化，增强公园的可游性，耐人寻味和停留（图9-05）。

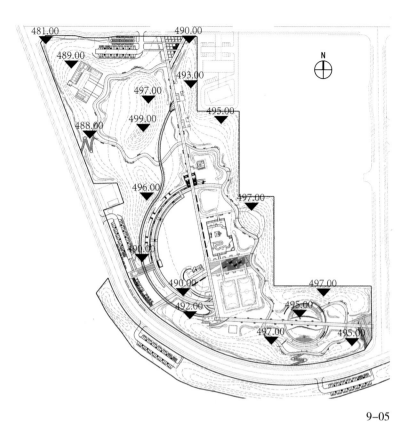

9-05

图 9-05
地形平面图
图 9-06
南望中央草坪实景鸟瞰照片

绿化种植

绿化种植同样遵循系统化的设计原则，强化结构清晰的场地布局。采用中央草坪开阔与四周密植的形式，形成了开放空间和闭合空间相互联系的格局。为了避免植物种类过多过杂，选用植物种类体现出克制的设计，主要表现纯粹与秩序，主园路成排的银杏、法桐、国槐形成基调树种，森林之路依次设置四季特色主题树种，腊梅、桃花、玉兰、紫荆、桂花、银杏等依据植物季相从北到南展开，共同营造几何式景观与自然式花园的多元与对比。植物种植强调了整体设计的空间开合与理念表达，实现了简洁明快、秩序井然的设计愿望。

跨专业的融合

景观与桥梁的融合：贯穿公园南北的红升桥提供立体观景视点，游客可以北观城市，南眺秦岭，构建趣味游览立体交通体系，加强了公园的空间层次感（图9-45 ~ 图9-47）。

建筑与景观的融合：卫生间嵌入公园地形，采用覆土建筑设计形式，消隐建筑体量，建筑与景观地形浑然天成。服务建筑的布点考虑向外观景和被看成景的视觉效果，建筑外观简洁明快，与公园的氛围相得益彰（图9-48 ~ 图9-51）。

景观与艺术的融合：邀请艺术家在主要园路和景点周边融入公共艺术，设置艺术长廊和艺术雕塑，提升公园的艺术性和观赏性（图9-52 ~ 图9-59）。

结语

公园以青少年为目标人群，以当代青年文化为内涵，以激发青年活力、弘扬正能量为宗旨，以艺术人文为点缀，营造集艺术空间、锻炼场所、交流场地、花园游览、户外课堂于一体的青年公园，公园绿化凸显各具特色的四季景观，最终呈现大气简洁、自然生态、充满活力、富有时代气息的景观效果，是一个充满青年创新活力和绿色生态的城市公园。

该项目获得中国建筑学会2019—2020年建筑设计奖园林景观三等奖、2021年中国风景园林学会科学技术奖（规划设计奖）一等奖。

9-07

9-08

9-09

9-10

9-11

9-12

9-13

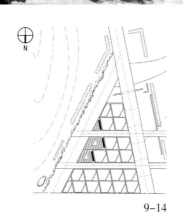

9-14

图 9-07
西望中央草坪实景鸟瞰照片
图 9-08
公园北入口实景鸟瞰照片
图 9-09 ~ 图 9-12
公园北入口细节实景照片
图 9-13
公园北入口实景俯瞰照片
图 9-14
公园北入口平面图

9–15

9–16

9–17

9–18

图 9–15、图 9–16
白蜡大道实景照片
图 9–17
银杏大道实景照片
图 9–18
法桐林荫道实景照片
图 9–19
中央草坪实景鸟瞰照片

9-19

图 9-20
雕塑艺术长廊实景鸟瞰照片
图 9-21
雕塑艺术长廊漫步道实景鸟瞰照片
图 9-22
雕塑艺术长廊细节实景照片
图 9-23
雕塑艺术长廊实景照片
图 9-24
雕塑艺术长廊的雕塑细节实景照片
图 9-25
雕塑艺术长廊水景细节实景照片

9-21

9–22

9–23

9–24

9–25

9-27

9-28

9-29

9-26

9-30

图 9-26 ~ 图 9-29
森林漫步道实景照片
图 9-30
森林漫步道铺装细节实景照片

9-32

9-33

9-34

图 9-31
西入口实景鸟瞰照片（一）
图 9-32
西入口实景俯瞰照片（二）
图 9-33
西入口实景照片
图 9-34
西入口铺装细节实景照片

9-35

9-36

9-37

9-38

图 9-35
绿阶户外课堂实景鸟瞰照片
图 9-36 ~ 图 9-38
绿阶户外课堂实景照片

9-39

9-40

9-41

9-42

9–43

9–44

图 9-39

运动休息区实景俯瞰照片

图 9-40

竹膜混凝土实验实景照片

图 9-41

竹膜混凝土施工过程实景照片

图 9-42

竹膜混凝土完成实景照片

图 9-43

竹膜混凝土墙实景照片

图 9-44

运动休息区实景照片

9-45

9-46

图 9-45
红升桥实景鸟瞰照片
图 9-46、图 9-47
红升桥实景照片

9–48

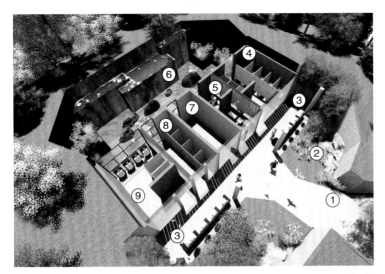

9-49

图例

① 入口通道　⑤ 第三卫生间　⑨ 男卫生间

② 入口庭院　⑥ 水景

③ 洗手池　　⑦ 管理用房

④ 女卫生间　⑧ 工具间

9-50

9-51

图 9-48
覆土卫生间实景照片
图 9-49
覆土卫生间方案模型
图 9-50
覆土卫生间实景鸟瞰照片
图 9-51
覆土卫生间挡墙细节实景照片

9-52

9-53

9-54

9-55

9-56

9-57

9-58

9-59

图 9-52、图 9-53、图 9-55 ~ 图 9-57
雕塑细节实景照片
图 9-54
入口标识实景照片
图 9-58、图 9-59
景墙细节实景照片

项目历程

1. 2017 年 8 月 15 日　西安
踏勘现场

2. 2017 年 8 月 29 日　上海
设计团队考察类似项目

3. 2017 年 10 月 15 日　西安
经多轮汇报，西安曲江新区批复该
设计方案

4. 2017 年 11 月 2 日　北京
北京橙石公司研发艺术景墙并打样

5. 2018 年 3 月 22 日　西安
开工建设，开始地形整理

6. 2018 年 4 月 29 日　西安
攀岩场地形整理

7. 2018 年 6 月 7 日　西安
景观墙打样

8. 2018 年 7 月 7 日　西安
覆土卫生间结构施工

9. 2018 年 8 月 10 日　西安
绿阶户外课堂景墙施工

10. 2018 年 9 月 24 日　西安
攀岩场挡墙结构完成

11. 2018 年 10 月 20 日　西安
雕塑艺术长廊基础施工

12. 2018 年 10 月 26 日　西安
滑板场施工现场

13. 2019 年 1 月 11 日　西安
次入口挡墙

14. 2019 年 2 月 11 日　西安
雕塑艺术长廊景墙结构

15. 2019 年 2 月 11 日　西安
游客服务建筑结构完成

16. 2019 年 2 月 14 日　西安
北入口景墙

17. 2019 年 2 月 19 日　西安
艺术长廊基础施工完成

18. 2019 年 2 月 25 日　西安
森林漫步道与攀岩场

19. 2019 年 3 月 3 日　西安
竹模混凝土实验

20. 2019 年 3 月 28 日　西安
覆土卫生间望向庭院

21. 2019 年 4 月 6 日　西安
雕塑艺术长廊

22. 2019 年 4 月 9 日　西安
景观水池架空铺装

23. 2019 年 4 月 15 日　西安
中央草坪

24. 2019 年 4 月 19 日　西安
红升桥钢结构完成

25. 2019 年 4 月 25 日　西安
森林漫步道艺术混凝土施工

26. 2019 年 4 月 30 日　西安
标识系统安装

27. 2019 年 5 月 5 日　西安
游客服务建筑外立面完成

28. 2019 年 5 月 11 日　西安
攀岩场岩板安装

29. 2019 年 5 月 15 日　西安
红升桥防腐木桥面铺装完成

30. 2019 年 5 月 15 日　西安
中央草坪座椅安装

31. 2019 年 5 月 26 日　西安
西安曲江青年公园开园

32. 2019 年 10 月 20 日　西安
西安简单生活节演唱会在西安曲江
青年公园举办

1. 工作环境照片（一）

2. 工作环境照片（二）

3. 工作环境照片（三）

4. 团队工作照片（一）

5. 作者曾健（右）和吕成（左）合影

6. 团队工作照片（二）

7. 曾健接受颁奖照片

8. 调研现场照片

9. 工作现场照片

项目信息

　　在此衷心感谢各位前辈的指导，能与拥有丰富经验和卓越学识的前辈共事是一种荣幸。感谢为这些项目工作过的每一位设计师、摄影师，多年来他们付出大量时间，坚持不懈地努力，为这些项目贡献力量。永远记得我们在一起同甘共苦、同舟共济的日子。

版式与封面设计：

刘　媛、陈泽宇、王　涛、黄思思

项目摄影：

陈　溯：图 1-01，图 1-21，图 1-24，图 1-25，图 1-26，图 1-28；

张强军：图 1-20，图 1-32，图 1-40，图 1-42；

袁海冬：图 1-02，图 1-23；

刘江瑞：图 1-03，图 1-05；

郑鹏鲲：图 2-02，图 2-04，图 2-09；

李　谋：图 3-01；

张钧挥：图 5-03，图 5-04；

其余照片均由作者曾健拍摄。

唐长安城墙遗址公园

项目地点：西安市高新技术产业开发区
占地面积：38 万平方米
设计时间：2005 年 7 月
项目总规划师：周俭、张迪昊
项目总负责人：贾瑞云、李毅
景观主持设计：曾健
团队成员：沈学美、郭家祥、支立军

延安革命纪念馆室外环境

项目地点：延安市宝塔区
占地面积：15.87 万平方米（含赵家峁部分山地）
室外环境面积：11.49 万平方米
设计时间：2006 年 4 月
项目总负责人：张锦秋、王军
景观主持设计：曾健
团队成员：张强军、沈学美、李加峰、支立军
总图设计：陈初聚
建筑设计：中国建筑西北设计研究院有限公司、
　　　　　华夏建筑设计研究院
获奖：2009 年新中国成立 60 周年中国建筑学会
　　　建筑创作大奖
　　　2009 年新中国成立 60 周年百项经典工程
　　　2011 年陕西省优秀工程设计一等奖
　　　2011 年全国优秀工程勘察设计行业二等奖
　　　2019 年中国建筑学会建筑创作大奖（2009—
2019 年）

曲江池遗址公园室外环境

项目地点：西安市曲江新区
占地面积：63 万平方米
设计时间：2007 年 5 月
项目总负责人：张锦秋、王军
景观主持设计：曾健
团队成员：张强军、荆亮亮、李加峰、王磊、高立富
总图设计：党春红
规划建筑设计：中国建筑西北设计研究院有限公司、
　　　　　　　华夏建筑设计研究院

2011 西安世界园艺博览会规划及景观

项目地点：西安市西安浐灞国际港
占地面积：308 万平方米
设计时间：2008 年 3 月
项目总规划师：周俭、李毅
景观主持设计：曾健
团队成员：张强军、李智、王磊、李加峰、荆亮亮、
　　　　　高文治、张佳飞、鄂亦晨、刘波、龚群
获奖：2009 年度全国人居建筑规划设计方案竞赛
　　　金奖
　　　2011 年度陕西省优秀城乡规划设计一等奖
　　　2011 年度全国优秀城乡规划设计三等奖
　　　2011 年度亚洲都市景观奖
　　　2013 年教育部优秀园林专业设计一等奖

浐河左岸滨水景观（三环—陇海铁路）

项目地点：西安市浐灞生态区
占地面积：23 万平方米
设计时间：2009 年 10 月
项目主持设计：曾健
团队成员：高文治、李加峰、王磊、张佳飞、
　　　　　刘波、雒国栋

临潼凤凰池生态谷

项目地点：西安市曲江临潼国家旅游休闲度假区
占地面积：72 万平方米
设计时间：2011 年 10 月
项目主持设计：曾健
团队成员：王磊、刘波

陕西历史博物馆秦汉馆室外环境

项目地点：西咸新区秦汉新城
占地面积：31.56 万平方米
室外环境面积：29.65 万平方米
设计时间：2012 年 6 月
项目总负责人：张锦秋、徐嵘
景观主持设计：曾健
总图设计：朱春红
建筑设计：中国建筑西北设计研究院有限公司、
　　　　　华夏建筑设计研究院

鹦鹉寺公园

项目地点：西安市曲江临潼国家旅游休闲度假区
占地面积：8.8 万平方米
设计时间：2012 年 9 月
景观主持设计：曾健
团队成员：高文治、李加峰、王磊

洛阳龙门石窟景区前区规划设计

项目地点：洛阳市洛龙区
占地面积：19 万平方米
设计时间：2014 年 5 月
项目总负责人：张锦秋、张小茹、王涛
景观主持设计：曾健、李明涛
团队成员：张亦林、王海银、张强军、赵燕
规划建筑设计：中国建筑西北设计研究院有限公司
　　　　　　华夏建筑设计研究院
获奖：2023 年陕西省土木建筑学会环境艺术奖
　　　特等奖

西安曲江文化运动公园

项目地点：西安市曲江新区
占地面积：13.5 万平方米
设计时间：2015 年 5 月
项目总负责人：曾健
团队成员：王涛、刘媛、牛岳转、边宇、赵超
　　　　　　潘海燕、赵燕、杨春娟、张磊、何巍巍
设计总包单位：信息产业电子第十一设计研究院
　　　　　　　科技工程股份有限公司
获奖：中国建筑学会 2019—2020 年建筑奖园林景观
　　　二等奖

西峡鹳河生态文化园

项目地点：南阳市西峡县
占地面积：62.7 万平方米
设计时间：2016 年 3 月
项目总负责人：曾健
团队成员：王涛、刘媛、牛岳转、边宇、赵超
　　　　　　李涛、常佳钊、张强军、潘海燕、
　　　　　　张杰、周政考
建设单位负责人：徐波、张学祎、杨占敏、
　　　　　　　　陈松林、张春旺、何宗辉
获奖：2021 年中国风景园林学会科学技术奖（规
　　　划设计奖）二等奖
　　　第十九届同济大学建筑设计研究院（集团）
　　　有限公司建筑创作奖（景观）一等奖

西安曲江青年公园

项目地点：西安市曲江新区
占地面积：14.5 万平方米
设计时间：2017 年 8 月
项目总负责人：曾健
团队成员：刘媛、王涛、牛岳转、边宇、赵超
　　　　　　李涛、常佳钊、潘海燕、杜长真、仇奔
获奖：中国建筑学会 2019—2020 年建筑奖园林景观
　　　三等奖
　　　2021 年中国风景园林学会科学技术奖（规
　　　划设计奖）一等奖
　　　第十八届同济大学建筑设计研究院（集团）
　　　有限公司建筑创作奖（景观）一等奖

扬州中国大运河博物馆室外环境

项目地点：扬州市三湾景区
占地面积：16.3 万平方米
室外环境面积：14.9 万平方米（含屋顶花园及
　　　　　　　　内庭院）
设计时间：2018 年 5 月
项目总负责人：张锦秋、徐嵘
景观主持设计：曾健
团队成员：王涛、刘媛、牛岳转、边宇、赵超
建筑设计：中国建筑西北设计研究院有限公司
　　　　　华夏建筑设计研究院
总图设计：王海银
获奖：2022 年陕西省优秀工程勘察设计一等奖
　　　2023 年中国风景园林学会科学技术奖（规
　　　划设计奖）三等奖

青州博物馆室外环境

项目地点：潍坊市青州市
占地面积：7.23 万平方米
室外环境面积：6.28 万平方米（含屋顶花园及
　　　　　　　　内庭院）
设计时间：2020 年 6 月
项目总负责人：吕成、彭浩、陆龙
景观主持设计：曾健
团队成员：王涛、刘媛、赵超、黄思思、牛岳转、
　　　　　　边宇、李明涛、池沫菲
总图设计：刘伟
建筑设计：中国建筑西北设计研究院有限公司
　　　　　华夏建筑设计研究院

山海关中国长城文化博物馆室外环境

项目地点：秦皇岛市山海关区
占地面积：15.6 万平方米
室外环境面积：14.72 万平方米（含屋顶观景台及
　　　　　　　　内庭院）
设计时间：2020 年 10 月
项目总负责人：吕成、曹惠源、王军
景观主持设计：曾健
团队成员：王涛、刘媛、陈泽宇、黄思思、边宇、
　　　　　　牛岳转、赵超
总图设计：刘伟
建筑设计：中国建筑西北设计研究院有限公司
　　　　　华夏建筑设计研究院

致 谢

在本书得以面世之际，我感到无比荣幸，并向许多人表达最深切的感激之情，是他们的无私帮助与支持，让这一切成为可能。

首先，我要衷心感谢张锦秋和韩骥夫妇。多年来，他们在专业领域上的指导与帮助，以及所分享的生活感悟与人生智慧，对我产生了深远的影响。每一次看似随意的交流，都让我深受启发，如醍醐灌顶。在本书成稿的过程中，张总（我们习惯这样亲切的称呼）多次审阅书稿，并提出了许多宝贵的建议。她的严谨与认真，是我们这些后辈学习的楷模。感谢张总多年来的悉心指导，并欣然为本书作序。在我参与张总领衔的每一个项目中，不仅是完成工作任务，更是点滴积累下的影响，让我逐渐领悟设计的真谛；不仅是一份职业经历，更是一段心灵成长之旅，每一步都浸透着前辈的教导与关爱，赋予我不断前行的动力。

我同样感激田海军和郭晓霞夫妇，是他们引领我步入艺术与设计之路，并始终给予我指导和支持。正如诗意的园林之美在于"三分匠人、七分主人"，业主的品味与信任至关重要。感谢众多业主的信任与支持，才让我们的设计梦想和理念落地生根。同时，我也要感谢西安建筑科技大学的吕琳，她优异的专业洞见与支持，为我提供了重要的指导与启示。

特别感谢我的好友王世华、蒋为民和马山民，正是由于他们的引荐，本书与中国建筑出版传媒有限公司的合作才得以迅速确定。同时，还向为本书出版付出巨大努力的戚琳琳、率琦编辑表示最诚挚的感谢，是他们的辛勤工作，确保了本书能够清晰而完整地呈现给每一位读者。

最后，我要感谢我的家人们，是他们多年来的持续鼓励与无条件支持，给予了我无法用言语表达的力量。你们的爱与鼓励，是我最宝贵的财富。

向所有曾经帮助过我的人致以最深的谢意，谢谢你们！

曾　健